João Paulo de Araújo Souza

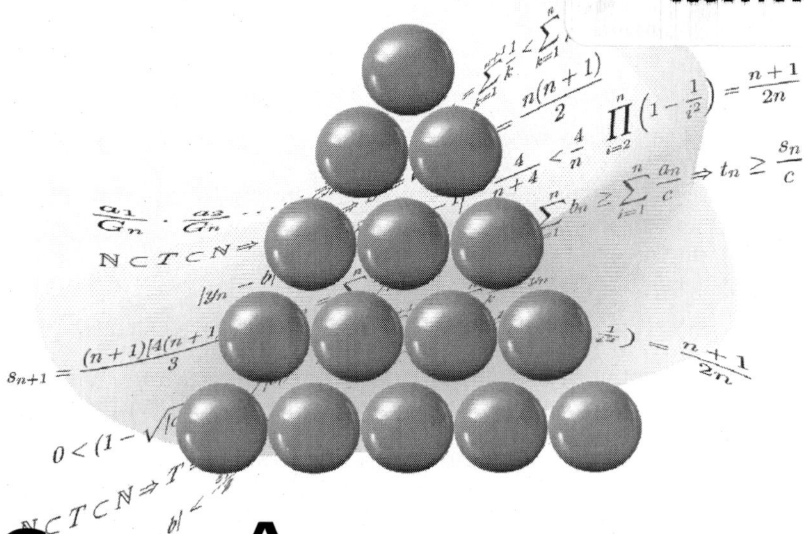

Sequências e Séries Numéricas

Introdução à Análise Real

Editora Ciência Moderna

Editor: Paulo André P. Marques
Produção Editorial: Dilene Sandes Pessanha
Capa: Daniel Jara
Copidesque: Equipe Ciência Moderna

FICHA CATALOGRÁFICA

SOUZA, João Paulo de Araújo.

Sequências e Séries Numéricas: introdução à Análise Real

Rio de Janeiro: Editora Ciência Moderna Ltda., 2024.

1. Matemática 2. Análise Real
I — Título

ISBN: 978-65-5842-381-2 CDD 510
517

Editora Ciência Moderna Ltda.
R. Alice Figueiredo, 46 – Riachuelo
Rio de Janeiro, RJ – Brasil CEP: 20.950-150
Tel: (21) 2201-6662/ Fax: (21) 2201-6896
E-MAIL: LCM@LCM.COM.BR
WWW.LCM.COM.BR

06/24

Há mais coisas entre o céu e a terra, Horácio, do que sonha a nossa vã filosofia.

William Shakespeare

Sumário

Prefácio

> *As coisas devem ser feitas tão simples quanto possível, mas não mais simples do que isso.*
>
> **Albert Einstein**

Este texto surgiu a partir da necessidade de entender e organizar a primeira parte dos conteúdos que estavam presentes na ementa da disciplina de Introdução à Análise Real. A saber, tais conteúdos versam sobre sequências e séries de números reais. Numa tentativa de fugir um pouco da mesmice do que já se encontravam nos livros de Análise Real proposto, tentei apresentar um pouco de pessoalidade ao expor os resultados mais clássicos, nas demonstrações, nos exemplos e nos exercícios.

Reconheço, aqui, a qualidade que há em muitos livros de Análise Real como, por exemplo, o Curso de Análise do Professor Elon Lages Lima. Até porque esse livro serve como principal base para o que será encontrado no texto. Além disso, vale reforçar que o livro citado é muito mais completo com relação à teoria do que seria possível apresentar nesse texto. O que limita um pouco a apresentação teórica é o fato do nosso texto ser proposto para uma disciplina de **Introdução** à Análise Real. Salientamos que isso não gera qualquer ônus ao aluno que decida estudá-lo ou ao professor que opte por adotá-lo como material para sua disciplina, pois esperamos que ele cumpra muito bem o seu papel para um caráter introdutório.

São apresentadas as demonstrações assim como as compreendi, ou seja, com o máximo de detalhes possíveis, mas sem ser repetitivo ou enfadonho em excesso.

No texto, é possível encontrar vários exemplos para facilitar a compreensão da teoria e de como seria possível aplicá-la na resolução de alguns problemas que, geralmente, são apresentados como questões em outros livros de Análise Real.

Os exercícios são propostos em abundância, mas com uma proposta incisiva ao limitar os mesmos a aplicações diretas da teoria que fora apresentada no texto (mesmo que, às vezes, essa relação não seja tão óbvia). Mesmo que sejam em grande quantidade, tentamos dispô-los em ordem crescente de dificuldade (mesmo que isso seja um pouco relativo) e sem que houvesse repetições nos tipos de problemas e, consequentemente, na solução esperada (é fato que podem haver outros caminhos que resolvam esses exercícios).

Saliento que alguns exercícios podem não ser tão imediatos e demandem um pouco mais de empenho por parte do leitor, porém é indicado que, sempre que possível, o conjunto de exercícios seja resolvido em sua totalidade para um aprendizado mais integral do que está sendo proposto no texto.

Um dos pontos fortes desse material é a variedade de questões propostas (130 no total). O que traz um charme extra a essas questões são as propostas de soluções para as questões ímpares contidas no último capítulo (65 questões no total e algumas dessas com mais de uma solução) e que foram apresentadas pelo Aldenilo Vieira Pereira, ex-aluno da disciplina de Introdução à Análise Real onde esse material foi utilizado e o mesmo se propôs a resolver tais questões. Ao Aldenilo, meu imenso agradecimento pelo excelente trabalho desenvolvido.

Espero que esse texto encontre utilidade em alguns leitores ávidos por começar a estudar e aprender essa linda disciplina que é a Análise Real.

Por fim, agradeço a todos que tiraram algum tempo para propor correções, que são sempre bem-vindas, para que fosse possível chegar até essa versão atual.

Caso queira apontar algum erro ou falha, agradeço antecipadamente caso possa enviar um e-mail para:

joaopaulosouza032@gmail.com

1 Princípios Matemáticos

Neste capítulo, trataremos de alguns princípios matemáticos, tais como: o Princípio de Indução Finita (PIF) e o Princípio da Boa Ordem (PBO). Apresentaremos algumas aplicações matemáticas para eles e também como eles podem ser relacionados como princípios equivalentes. [1]A saber, esses dois princípios surgem como base da teoria dos números naturais (ou inteiros, dependendo da abordagem desejada) e um será verdadeiro sempre que o outro também for verdadeiro.

Dada tal equivalência, vale salientar que qualquer problema que possa ser resolvido utilizando o PIF, também poderá ser resolvido utilizando o PBO, desde que sejam feitas as devidas adaptações, (ver Exercício 1.31 por exemplo) e vice-versa. Isso acontece por causa da semelhança entre os processos necessários em ambos os princípios que seriam a ação de acrescentar uma unidade (PIF) e, geralmente, a ação de retirar uma unidade (PBO).

Uma abordagem de tais princípios faz-se necessária, além da beleza contida neles, pela quantidade de vezes que eles aparecem no restante da

[1]veja mais em "Alguns Princípios da Matemática e suas Importâncias", disponível em: `ecmat.com.br/edicoes-anteriores/anais`

teoria desenvolvida. Sendo assim, tais resultados servirão de base para a teoria que virá nos capítulos posteriores.

1.1 Axiomas de Peano

Segundo o professor Elon – ver [5], toda a teoria dos números naturais pode ser deduzida de três axiomas conhecidos como *axiomas de Peano*. Vejamos quais são os três axiomas.

Axioma 1.1.1 Assumindo $\mathbb{N}$ como sendo o conjunto de objetos não definidos chamados de *números naturais* e seja $s : \mathbb{N} \to \mathbb{N}$ uma função em que $s(n)$ é chamado de sucessor de n.

A1. $s : \mathbb{N} \to \mathbb{N}$ é injetiva.

A2. O conjunto $\mathbb{N} - s(\mathbb{N})$ consta de um só elemento. A esse elemento, chamaremos de *um* e representaremos por 1.

A3. Se $X \subset \mathbb{N}$ é um subconjunto tal que $1 \in X$ e, para todo $n \in X$ tem-se também $s(n) \in X$, então $X = \mathbb{N}$.

Basicamente, o que temos a partir dos Axiomas de Peanos é uma maneira de "caracterizar" o conjunto dos números naturais como sendo qualquer conjunto que possua o elemento unitário, 1, e que seja fechado para a operação de "somar" uma unidade. Por outro lado, adicionar uma unidade repetidas vezes pode ser um trabalho hercúleo como Alice, em Através do Espelho, sugere aos seus leitores.

> *Quanto é um mais um e mais um e mais um e mais um e mais um e mais um e mais um e mais um e mais um? perguntou a Rainha Branca. – Não sei – respondeu Alice – Perdi a conta.*
>
> **Lewis Carroll**

Para isso, são necessárias algumas propriedades relacionadas ao conjunto dos números naturais. Tais propriedades, em sua maioria, serão assumidas como verdadeira para servirem de suporte para outras propriedades. Para uma garantia da validade de tais propriedades, sugerimos a leitura do segundo capítulo de [5].

O nosso foco agora se volta ao terceiro axioma, também conhecido por *axioma de indução* ou *Princípio de Indução Finita (PIF)*.

1.2 PIF

O Princípio de Indução Finita é muito importante e essencial para demonstrar alguns teoremas e propriedades relacionados a subconjuntos infinitos dos números natural. Por isso, torna-se válida a estratégia de tentar usar o PIF sempre que for necessário provar algum resultado cujo conjunto universo (o conjunto que engloba todos os elementos a serem trabalhados) seja o conjunto dos números naturais.

Axioma 1.2.1. Princípio de Indução Finita (PIF) Seja $\mathcal{P}$ uma propriedade referente aos números naturais. Se 1 gozar da propriedade $\mathcal{P}$ e se, do fato de um número natural n gozar de $\mathcal{P}$, pode-se concluir que $n + 1$ goza da propriedade $\mathcal{P}$, então todos os números naturais gozam dessa propriedade.

Existem muitas variantes para esse princípio[2]. Por exemplo, o mais simples e comum é considerar que a propriedade é válida a partir de um certo número natural n_0 (chamado de ponto de partida) ao invés de fixá-lo no número 1.

Vejamos como o Princípio de Indução Finita pode ser resumido observando o diagrama a seguir.

[2]Como exemplos dessas variações, veja o Teorema 1.4.4 e o Exercício 1.1

P1. (Base de Indução) Se $P(n_0)$ é verdadeira e

P2. (Passo Indutivo) Se $P(n)$ é verdadeira para algum número natural $n \geq n_0$, então $P(n+1)$ também é verdadeira.

Observe o diagrama, se a propriedade $P(n)$ é válida para $P(n_0)$ e vale o "passo" 2, temos

$$\begin{array}{lcl} P(n_0) \text{ é verdadeira} & \overset{P2}{\Rightarrow} & P(n_0+1) \text{ é verdadeira} \\ & \overset{P2}{\Rightarrow} & P(n_0+2) \text{ é verdadeira} \\ & \overset{P2}{\Rightarrow} & P(n_0+3) \text{ é verdadeira} \\ & \vdots & \\ & \overset{P2}{\Rightarrow} & P(n) \text{ é verdadeira} \end{array}$$

Assim, $P(n)$ é verdadeira para todo $n \in \mathbb{N}$, com $n \geq n_0$.

O que acontece nessa situação pode ser associado ao efeito causado ao derrubar uma peça de dominó que está disposto em uma fileira infinita de dominós de tal forma que se um cair todos que estão a sua frente também cairão.

Figura 1.1: Fileira de Dominós

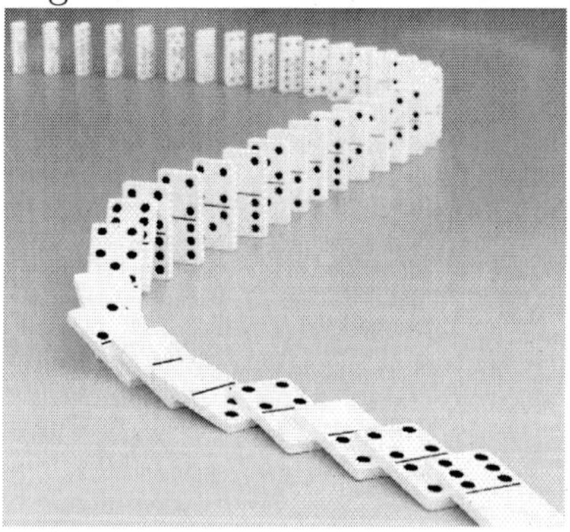

Fonte: Internet.[3]

Para alguns leitores o PIF força um pouco a barra ao supor que $P(n)$ é verdadeira para algum n, pois é essa validade que está sendo buscada por meio de uma demonstração. O que acontece no fundo é que não há falha. De qualquer modo, o passo indutivo sozinho não é suficiente para garantir a validade da propriedade para todos os números desejados, mas se torna completa com o passo base[4]. Uma vez que se prova que vale o passo base (para $n_0 \in \mathbb{N}$), o passo indutivo, caso seja válido, garante que a propriedade será válida também para $n_0 + 1$ e assim sucessivamente e sem fim. Valendo, portanto, para todo $n \in \mathbb{N}$, com $n \geq n_0$.

O exemplo a seguir se propõe a provar, utilizando o PIF, que todas as camisas possuem a mesma cor. O que intuitivamente é falso (eu, por exemplo, tenho camisas de cores diferentes em meu guarda-roupas).

O desafio proposto ao leitor é encontrar a falha na dedução lógica apresentada. Pois, caso contrário, teríamos um contraexemplo para a validade do PIF e isso seria algo bem extraordinário.

Exemplo 1.2.2. Uso errado do PIF Todas as camisas possuem a mesma cor.

Solução. Com efeito, seja n a quantidade de camisas em um conjunto de camisas.

(Passo Base). Se $n = 1$, todas as camisas possuem a mesma cor. Logo, vale o passo base.

(Passo Indutivo). Se, além disso, todos os conjuntos com n camisas possuem apenas camisas com a mesma cor (seria supor que a propriedade é válida para algum $n \in \mathbb{N}$), poderíamos assumir um novo conjunto de camisas com $n + 1$ camisas.

---

[3] https://blenderartists.org/t/animated-dominoes-with-geometry-nodes/1419551

[4] O diagrama apresentado anteriormente ilustra muito bem esse fato.

Digamos $C = \{c_1, c_2, \ldots, c_n, c_{n+1}\}$. Por hipótese (de indução), temos que no conjunto $C_1 = \{c_1, c_2, \ldots, c_n\}$, com n elementos, todas as camisas têm a mesma cor. Além disso, ainda pela hipótese de indução, temos que no conjunto $C_2 = \{c_2, \ldots, c_n, c_{n+1}\}$, com n elementos, todas as camisas têm a mesma cor. Ora, como a camisa c_2 pertence tanto a C_1 quanto a C_2, temos que as camisas de ambos os conjuntos possuem a mesma cor.
Assim, C, um conjunto de $n+1$ camisas, é um conjunto de camisas de mesma cor sempre que em todo conjunto de n camisas elas tiverem a mesma cor.
Portanto, pelo PIF, todo conjunto com qualquer quantidade natural de camisas terá apenas camisas da mesma cor. Nos resta que, todas as camisas têm a mesma cor.

◇

Como o passo base é claramente verdadeiro, para ajudar a perceber a falha na sequência lógica apresentada no exemplo, uma dica é testar o passo indutivo para valores fixados de n.

Reforçamos a importância de verificar a validade das hipóteses antes de fazer uso dos resultados apresentados nas teses. Pois, sem verificar as hipóteses, podemos fazer mau uso das teses para chegar a resultados absurdos.

> *Entendo por razão, não a faculdade de raciocinar, que pode ser bem ou mal utilizada, mas o encadeamento das verdades que só pode produzir verdades, e uma verdade não pode ser contrária a outra.*
>
> **Gottfried Wilhelm von Leibnitz**

A seguir, é apresentado um exemplo clássico[5] de como aplicar o PIF para garantir a validade de uma propriedade de certos números naturais.

Exemplo 1.2.3 Utilizando o PIF podemos mostrar que a propriedade a seguir é verdadeira para todo número natural.

$$\mathcal{P}(n) : 1 + 3 + \cdots + (2n-1) = n^2.$$

Com efeito, pondo $p(n) = 1 + 3 + \cdots + (2n-1)$, observe que

$$p(1) = 1 = 1^2.$$

Logo, 1 goza da propriedade $\mathcal{P}$. Além disso, supondo que n goze da propriedade $\mathcal{P}$, ou seja,

$$\mathcal{P}(n) : 1 + 3 + \cdots + (2n-1) = n^2$$

é verdadeiro para algum $n \in \mathbb{N}$, então

$$\begin{aligned} p(n+1) &= 1 + 3 + \cdots + (2n-1) + (2n+1) \\ &= [1 + 3 + \cdots + (2n-1)] + (2n+1) \\ &= p(n) + (2n+1) \\ &= n^2 + (2n+1) \\ &= (n+1)^2, \end{aligned}$$

e assim teremos $p(n+1) = (n+1)^2$.
De sorte que, se n goza da propriedade $\mathcal{P}$, teremos que $n+1$ também goza de tal propriedade.
Pelo PIF, temos que $1 + 3 + \cdots + (2n-1) = n^2$ para todo $n \in \mathbb{N}$.

Uma representação geométrica para a propriedade da soma dos números ímpares ser o quadrado de um número inteiro é apresentada no diagrama a seguir.

[5] O Exemplo 1.2.3 pode ser utilizado no ensino básico como um dispositivo prático para o cálculo da raiz quadrada de um número natural da forma n^2 fazendo n subtrações.

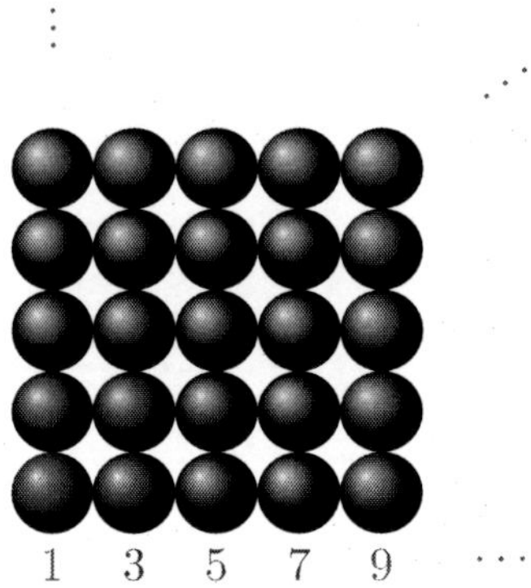

De posse do resultado apresentado no Exemplo 1.2.3, podemos resolver, facilmente, uma questão proposta na Olimpíada Cajazeirense de Matemática[6] (OCZM) no ano de 2023.

Exemplo 1.2.4. OCZM 2023 - Nível 2 Ruan gosta muito de futebol e de matemática. Um dia, quando não estava treinando para um campeonato escolar, ele ficou brincando fazendo subtrações sucessivas. Ele escolhia um número positivo e depois subtraía, um por vez, números ímpares em ordem crescente a partir do número 1 até que o resultado da subtração fosse um número negativo ou zero. Ao fazer esse processo repetidas vezes, ele observou que ao escolher um tipo de número natural o processo sempre terminava em zero. Podemos afirmar que Ruan observou que o número escolhido deve ser

(a) Ímpar.

(b) Par.

(c) Positivo.

(d) Negativo.

(e) O quadrado de um número inteiro.

[6] https://www.oczm.com.br

Solução. Como o processo realizado pelo Ruan consiste em subtrair todos os números ímpares em ordem crescente a partir do número 1 até que o processo retorna zero como resultado, podemos observar que o número escolhido é a soma de n números ímpares. Ou seja, sendo k o número escolhido, temos

$$k - \underbrace{[1 + 3 + 5 + \cdots + (2n-1)]}_{\text{os } n \text{ primeiros números ímpares}} = 0 \quad \Rightarrow \quad k = \sum_{i=1}^{n}(2i-1)$$

$$\Rightarrow \quad k = n^2.$$

Restando que o processo retornará zero como resultado apenas quando o número escolhido for o quadrado perfeito de um número inteiro. Pois, $(-n)^2 = n^2$.

O número escolhido ainda poderia ser o zero, mas isso não contradiz o resultado obtido, já que $0 = 0^2$.

$\diamond$

Uma demonstração em que se usa o PIF, em geral, é dita uma demonstração por indução.

A seguir, temos um resultado que será muito utilizado nas demonstrações, nos exemplos e nos exercícios deste material. Sua simplicidade é “inversamente proporcional”[7] à sua aplicabilidade e à sua importância para a teoria a ser desenvolvida. A importante desse resultado é dada por possibilitar uma comparação entre o comportamento do crescimento exponencial e do linear.

Teorema 1.2.5. Desigualdade de Bernoulli

Para quaisquer $n \in \mathbb{N}$ e $x \in \mathbb{R}$, com $x \geq -1$, vale

$$(1 + x)^n \geq 1 + nx.$$

[7] Essa expressão é forçosa por não tratarmos de grandezas quantitativas.

Demonstração.

Provaremos utilizando o PIF sobre n.

Para $n = 1$, temos

$$(1+x)^n = 1 + x = 1 + nx$$

logo a propriedade é válida para $n = 1$.

Agora, supondo que a propriedade seja válida para algum $n \in \mathbb{N}$, assim

$$\begin{aligned}(1+x)^n \geq 1 + nx \quad & \underbrace{\Rightarrow}_{x \geq -1} \quad (1+x)(1+x)^n \geq (1+x)(1+nx) \\ & \Rightarrow \quad (1+x)^{n+1} \geq 1 + x + nx + nx^2 \\ & \underbrace{\Rightarrow}_{nx^2 \geq 0} \quad (1+x)^{n+1} \geq 1 + (n+1)x\end{aligned}$$

Portanto, a propriedade é válida para $n+1$ quando for válida para $n \in \mathbb{N}$ e $x \geq -1$. Pelo PIF, a propriedade é válida para todo número natural.

■

A Desigualdade de Bernoulli será utilizada, como já citado, algumas vezes no decorrer do texto para auxiliar nas demonstrações de outros resultados como, em especial, para garantir que a sequência de Euler é uma sequência crescente[8].

O PIF é uma ferramenta perfeita para provar propriedades relacionadas às progressões aritmética e geométrica. Os Exemplos 1.2.6 e 1.2.7 exemplificam tal possibilidade.

Exemplo 1.2.6. O termo geral de uma PG Uma *progressão geométrica* (PG) é uma sequência (a_n), tal que $a_1 \in \mathbb{R}$ e $a_{n+1} = a_n \cdot q$ para $n \geq 1$ e $q \in \mathbb{R}$. Nessas condições, $a_n = a_1 \cdot q^{n-1}$ para todo $n \in \mathbb{N}$.

[8] veja o Exercício 1.21.

Solução. De fato, para $n = 1$ temos

$$a_1 = a_1 \cdot q^{1-1}.$$

Isso nos garante o passo base. Supondo que $a_n = a_1 \cdot q^{n-1}$ para algum $n \in \mathbb{N}$, teremos, pela definição de PG, que

$$\begin{aligned} a_{n+1} &= a_n \cdot q \\ &= a_1 \cdot q^{n-1} \cdot q \\ &= a_1 \cdot q^{(n+1)-1} \end{aligned}$$

Portanto, $a_{n+1} = a_1 \cdot q^{(n+1)-1}$. Pelo PIF, temos que $a_n = a_1 \cdot q^{n-1}$ para todo $n \in \mathbb{N}$. ◇

Exemplo 1.2.7 A soma dos n primeiros termos de uma *progressão geométrica* (PG) de razão $q \neq 1$ e primeiro termo $a_1 \in \mathbb{R}$ é dada por

$$s_n = \sum_{i=1}^{n} a_n = a_1 \frac{1 - q^n}{1 - q}.$$

De fato, para $n = 1$, temos que

$$s_1 = \sum_{i=1}^{1} a_i = a_1 \overbrace{=}^{q \neq 1} a_1 \frac{1 - q^1}{1 - q}.$$

Mostrando, assim, que o passo base é válido. Além disso, supondo que a propriedade seja válida para algum $n \in \mathbb{N}$, temos que

$$\begin{aligned} s_{n+1} &= s_n + a_{n+1} \\ &= a_1 \frac{1 - q^n}{1 - q} + a_{n+1} && \text{(pela hipótese de indução)} \\ &= a_1 \frac{1 - q^n}{1 - q} + a_1 q^n && \text{(por } (a_n) \text{ ser uma PG)} \\ &= a_1 \left(\frac{1 - q^n}{1 - q} + q^n \right) \\ &= a_1 \frac{1 - q^n + (1 - q) \cdot q^n}{1 - q} \\ &= a_1 \frac{1 - q^{n+1}}{1 - q}. \end{aligned}$$

Consequentemente, se a propriedade for válida para $n \in \mathbb{N}$, será válida para $n+1$. Pelo PIF, a propriedade vale para qualquer número natural.

Uma consequência interessante sobre a soma dos "n" primeiros termos de uma PG surge quando tomamos $a_1 > 0$ e $0 < q < 1$. Pois, obtemos

$$s_n = \frac{a_1}{1-q} - \underbrace{\frac{a_1 q^n}{1-q}}_{>0} < \frac{a_1}{1-q}.$$

Em particular[9], com $a_1 = 1$ e $q = 1/2$, temos $s_n < \frac{1}{1-\frac{1}{2}} = 2$. Ou seja,

$$1 + \frac{1}{2} + \frac{1}{2^2} + \cdots + \frac{1}{2^n} < 2.$$

Como esse resultado não depende do valor de $n \in \mathbb{N}$, podemos perceber, com esse exemplo, que algo pode ser infinito (possuir infinitos elementos) e a soma dos seus elementos não ser ilimitada.

Outro axioma que está intimamente relacionado com o PIF é o *Princípio da Boa Ordem* que abordaremos agora.

1.3 PBO

> Cedo porém se constatou que, a fim de colocar em bases lógicas corretas certas noções intuitivas [...] é necessário passar por uma sequência de proposições de natureza técnica que [...] contém enunciados completamente óbvios do ponto de vista intuitivo, porém que necessitam demonstrações, às vezes muito sutis, pois não estavam explicitamente admitidas entre os axiomas adotados [6, p. 170].

[9] Esse resultado será importante para garantir que a sequência de Euler é limitada superiormente.

O Princípio da Boa Ordem é um daqueles resultados que sustentam a premissa de que os resultados mais óbvios são os mais difíceis de provar. Em contrapartida, [10]tentamos simplificar a demonstração apresentada no texto ao máximo para facilitar para os leitores que tiverem um primeiro contato com esse "princípio" nesse texto.

De encontro à facilidade de enunciar e entender esse princípio, temos uma larga gama de aplicações em propriedades construídas sobre subconjuntos limitados (inferior ou superiormente) dos números inteiros.

Há um método muito utilizado por Pierre de Fermat, chamado de Descida Infinita de Fermat, que usa implicitamente como base o PBO para sustentar sua validade. Esse método, geralmente, é visto na disciplina de Teoria dos Números e um dos problemas clássicos em que ele é usado é para provar que a equação $x^4 + y^4 = z^4$ não possui solução não trivial[11] no conjunto dos números inteiros.

Axioma 1.3.1. Princípio da Boa Ordem (PBO) Todo subconjunto não vazio $A \subset \mathbb{N}$ possui um elemento mínimo.

Esse princípio pode ser facilmente adaptado para subconjuntos dos números inteiros, bastando para tal adicionar a hipótese do subconjunto ser limitado inferiormente.

Vejamos esse princípio aplicado a dois exemplos aparentemente simples, mas que sem essa ferramenta seria difícil de chegar ao resultado desejado.

O Exemplo 1.3.2 a seguir exemplifica bem a ideia da Descida Infinita de Fermat, pois ela começa supondo que um conjunto, que deveria ser vazio, é limitado e que possui algum elemento, consequentemente, possui

[10]Veja a demonstração do Teorema 1.4.1. Se possível, compare com a demonstração apresentada no texto "Alguns Princípios da Matemática e suas Importâncias"

[11]$x \cdot y \cdot z \neq 0$.

um elemento mínimo[12], mas a existência desse elemento mínimo gera um absurdo, a partir dele, chaga-se ao fato de que o conjunto da hipótese tem um outro elemento que é ainda menor do que o elemento mínimo. Chegando assim ao absurdo desejado.

Exemplo 1.3.2 Não existe número natural n tal que $0 < n < 1$.

Solução. Suponha que exista algum número com essa propriedade. Assim o conjunto

$$S = \{x \in \mathbb{N};\, 0 < x < 1\} \subset \mathbb{N}$$

é não vazio. Pelo PBO, S possui um menor elemento a, com $0 < a < 1$. De sorte que,

$$\begin{aligned} 0 < a < 1 \quad &\Rightarrow \quad 0 < a^2 < a \qquad \text{(multiplicando por } a > 0\text{)} \\ &\Rightarrow \quad 0 < a^2 < a < 1 \quad \text{(por hipótese)} \\ &\Rightarrow \quad 0 < a^2 < 1 \\ &\Rightarrow \quad a^2 < a \text{ e } a^2 \in S. \end{aligned}$$

O que seria um absurdo, pois deveríamos ter a como menor elemento de S e, nesse caso, $a^2 \in S$ seria menor do que o menor elemento. Por fim, nos resta apenas que S deve ser vazio e que não existe algum $n \in \mathbb{N}$ tal que $0 < n < 1$. ◇

Tentar demonstrar o resultado do Exemplo 1.3.2 sem fazer uso do PBO pode ser um exercício interessante quando o objetivo for provar o poder matemático de tal princípio.

O próximo exemplo generaliza para quaisquer dois números naturais consecutivos[13] o resultado encontrado anteriormente apenas para os números 0 e 1.

[12] Veja o PBO sendo usado indiretamente.

[13] Vale salientar que, pela construção apresentada para $\mathbb{N}$, estamos considerando que $0 \notin \mathbb{N}$.

Exemplo 1.3.3 Dado um número $n \in \mathbb{N}$ qualquer, não existe nenhum número natural m tal que $n < m < n+1$.

Solução. Suponha, por absurdo, que exista algum número com essa propriedade, logo

$$n < m < n+1$$

seria válida e, subtraindo n em cada desigualdade, também valeria

$$0 < m - n < 1.$$

Como, por hipótese, $m > n$ teremos que $m - n > 0$, ou seja, $m - n \in \mathbb{N}$ e estaria entre 0 e 1, que, pelo exemplo anterior não é possível. Gerando assim um absurdo! Com isso, concluímos que não existe tal número natural m. ◇

1.4 Equivalência entre o PIF e o PBO

Agora, iremos mostrar que tanto faz escolher o Princípio de Indução Finita ou o Princípio da Boa Ordem para alicerçar a teoria dos números naturais - ou dos números inteiros com as devidas alterações. Ou seja, mostraremos que caso o PIF seja verdadeiro, necessariamente teremos que o PBO também o é, e que o PBO ser verdadeiro é uma condição necessária para que o PIF também o seja.

Vale salientar que muitos livros de Teoria dos Números ao escolher os axiomas que formarão a base axiomática para explicitar o conjunto dos números naturais, optam pelo PBO ao invés do PIF[14].

Para o próximo teorema, usaremos que o PIF é verdadeiro para provar o PBO.

Teorema 1.4.1. Princípio da Boa Ordem (PBO)
Todo subconjunto não vazio $A \subset \mathbb{N}$ possui um elemento mínimo.

[14]Como é o mais comum de acontecer em livros de Análise Real.

Demonstração.

Faremos uso do PIF e da técnica de demonstração conhecida como redução ao absurdo. Considere o conjunto não vazio $S \subset \mathbb{N}$ que não possui um elemento mínimo. Além disso, seja T o complementar de S com relação a $\mathbb{N}$, ou seja, $T = \mathbb{N} - S$. Considere, ainda, $I_n = \{1, 2, 3, \ldots, n\}$ e uma propriedade $\mathcal{P}$, tal que $\mathcal{P}(n)$ é verdadeira sempre que $I_n \subset T$.

Nosso objetivo agora é provar que $\mathcal{P}$ é verdadeira para todo $n \in \mathbb{N}$ e, assim, que $T = \mathbb{N}$. Consequentemente, só pode ser $S = \emptyset$ (o absurdo desejado no início da demonstração, pois supomos $S \neq \emptyset$).

Como indicado, faremos uso do PIF. O passo base consiste em mostrar que $I_1 \subset T$, ou seja, $\{1\} \subset T$. Observe que $1 \notin S$, pois 1 é o menor elemento dos números naturais e também o seria de S (que não possui menor elemento por hipótese). Portanto, nos resta que $1 \in (\mathbb{N} - S) = T$. Assim,

$$\mathcal{P}(1) : \; I_1 = \{1\} \subset T$$

é verdadeira.

Passando ao passo indutivo, vamos supor que $\mathcal{P}(n)$ é verdadeira. Se, com isso, conseguirmos provar que $\mathcal{P}(n+1)$ também será verdadeira, pelo PIF, $\mathcal{P}(n)$ será verdadeira para todo $n \in \mathbb{N}$ como queremos.

Pela validade hipotética de $\mathcal{P}(n)$, temos

$$\begin{aligned} \mathcal{P}(n) : \; I_n \subset T \;&\Rightarrow\; \{1, 2, \ldots, n\} \subset T \\ &\Rightarrow\; \mathbb{N} \ni k \notin S \text{ sempre que } k \leq n. \end{aligned}$$

Com isso, se $n + 1 \in S$, teríamos que $n + 1$ seria o menor elemento de S, pois cada $k \in \mathbb{N}$, com $k < n + 1$, pertence ao complementar de S e isso contradiz a hipótese de S não possuir um menor elemento. Logo, $n + 1 \notin S$. Portanto, $n + 1 \in T$. Consequentemente,

$$\mathcal{P}(n+1) : \; I_{n+1} = I_n \cup \{n + 1\} \subset T.$$

Pelo PIF, $\mathcal{P}$ é verdadeira para todo $n \in \mathbb{N}$. Ou seja,

$$\mathbb{N} \subset T \subset \mathbb{N} \Rightarrow T = \mathbb{N} \Rightarrow S = \emptyset.$$

Um absurdo, pois S é não vazio por hipótese. Por fim, nos resta a única possibilidade de S possuir um menor elemento.

■

Agora assumiremos que o PBO é verdadeiro e provaremos o PIF. Garantindo, aqui, a equivalência entre os dois princípios apresentados e, por consequência, a independência para a escolha de um ou outro princípio para alicerçar a teoria dos números naturais[15].

Teorema 1.4.2. Princípio de Indução Finita (PIF)

Seja $\mathcal{P}$ uma propriedade referente aos números naturais. Se 1 gozar da propriedade $\mathcal{P}$ e se, do fato de um número natural n gozar de $\mathcal{P}$ pode-se concluir que $n+1$ goza da propriedade $\mathcal{P}$, então todos os números naturais gozam dessa propriedade.

Demonstração.

Seja $\mathcal{V} = \{n \in \mathbb{N}; \mathcal{P}(n)\}$, ou seja, $\mathcal{V}$ é o conjunto de todos os elementos de $\mathbb{N}$ em que $\mathcal{P}(n)$ é verdadeira. Temos que $\mathcal{V} \subset \mathbb{N}$, supondo por absurdo, que $\mathbb{N} \neq \mathcal{V}$. Nesse caso, $X = \mathbb{N} - \mathcal{V} \neq \emptyset$. Como $X \subset \mathbb{N}$, pelo PBO, X possui um menor elemento c. Assim $c \notin \mathcal{V}$. Mas, pela minimalidade de c, temos que $c - 1 \in \mathcal{V}$ que por hipótese nos daria que $c = (c-1) + 1 \in \mathcal{V}$, uma contradição. De sorte que, devemos ter $\mathcal{V} = \mathbb{N}$. O que garante o resultado desejado.

■

Com os resultados obtidos até aqui, podemos enunciar o teorema:

[15] ou a teoria dos números inteiros.

Teorema 1.4.3. Equivalência entre os princípios

O Princípio de Indução Finita é válido se, e somente se, o Princípio da Boa Ordem é válido.

Em alguns casos, mostrar que $\mathcal{P}(n_0)$ é válida não é suficiente como passo base e, para sanar esse impasse, apresentamos o resultado contido no teorema a seguir.

Teorema 1.4.4. Segundo Princípio de Indução

Seja $X \subset \mathbb{N}$ um conjunto com a seguinte propriedade: dado $n \in \mathbb{N}$, se X contém todos os números naturais m tais que $m < n$, então $n \in X$. Nessas condições, $X = \mathbb{N}$.

Demonstração.

Ora, se tivéssemos $X \neq \mathbb{N}$, então valeria $Y = \mathbb{N} - X \neq \emptyset$, mas isso é um absurdo. Com efeito, se Y não fosse vazio, existiria, pelo PBO, um elemento mínimo $p \in Y$. Assim para todo número natural $m < p$, seria $m \in X$. Pela hipótese feita sobre X, teríamos $p \in X$, um absurdo. Pois, p pertenceria a X e a seu complementar $(Y = \mathbb{N} - X)$.

■

O próximo exemplo nos mostra que realmente, às vezes, precisamos mais do que o n_0 como passo base para garantir o passo base na demonstração que use o PIF.

Exemplo 1.4.5. A sequência de Fibonacci A sequência de Fibonacci é a sequência definida recursivamente por

$$F_0 = 0, F_1 = 1 \text{ e } F_n = F_{n-1} + F_{n-2}$$

para todo número natural $n \geq 2$.

Mostre que

$$F_n = \frac{\alpha^n - \beta^n}{\alpha - \beta},$$

onde $\alpha = \dfrac{1+\sqrt{5}}{2}$ e $\beta = \dfrac{1-\sqrt{5}}{2}$ são as raízes de $x^2 = x + 1$.

Solução. Podemos observar que seus primeiros termos são

$$\begin{aligned}
F_0 &= 0\\
F_1 &= 1\\
F_2 &= F_1 + F_0 = 0 + 1 = 1\\
F_3 &= F_2 + F_1 = 1 + 1 = 2\\
F_4 &= F_3 + F_2 = 2 + 1 = 3\\
F_5 &= F_4 + F_3 = 3 + 2 = 5\\
F_6 &= F_5 + F_4 = 5 + 3 = 8.\\
F_7 &= F_6 + F_5 = 8 + 5 = 13.
\end{aligned}$$

Provaremos a propriedade utilizando o PIF. Pondo

$$P(n) : F_n = \frac{\alpha^n + \beta^n}{\alpha - \beta},$$

temos

i) Se $n = 1$

$$F_1 = 1 \text{ e } \frac{\alpha^1 - \beta^1}{\alpha - \beta} = \frac{\alpha - \beta}{\alpha - \beta} = 1.$$

Assim, $P(1)$ é válida.

Verifique que o mesmo acontece com $P(0)$.

A base de indução precisa de dois passos porque a recorrência de $F_n = F_{n-1} + F_{n-2}$ precisa de dois termos anteriores.

ii) Supondo que $F_k = \frac{\alpha^k - \beta^k}{\alpha - \beta}$ é verdadeira para todo número natural k, com $1 \leq k \leq n$ ou $k = 0$, pela recorrência temos

$$\begin{aligned}
F_{n+1} &= F_n + F_{n-1}\\
&\overset{\text{H.I}}{=} \frac{\alpha^n - \beta^n}{\alpha - \beta} + \frac{\alpha^{n-1} - \beta^{n-1}}{\alpha - \beta}\\
&= \frac{(\alpha^n + \alpha^{n-1}) - (\beta^n + \beta^{n-1})}{\alpha - \beta}.
\end{aligned}$$

Além disso, como α e β são raízes de $x^2 = x + 1$, temos

a) $\alpha^2 = \alpha + 1 \overset{\times \alpha^{n-1}}{\Rightarrow} \alpha^{n+1} = \alpha^n + \alpha^{n-1}$

b) $\beta^2 = \beta + 1 \overset{\times \beta^{n-1}}{\Rightarrow} \beta^{n+1} = \beta^n + \beta^{n-1}$

Logo,

$$F_{n+1} = \frac{(\alpha^n + \alpha^{n-1}) - (\beta^n + \beta^{n-1})}{\alpha - \beta} = \frac{\alpha^{n+1} - \beta^{n+1}}{\alpha - \beta}.$$

Mostrando que $P(n+1)$ é válida. Pelo PIF, $P(n)$ é válida para todo número natural n.

◇

1.5 Exercícios

Em cada um dos exercícios, mesmo nos que não forem dito de modo explícito, considere $n \in \mathbb{N}$.

> *A única maneira de aprender matemática é fazer matemática*
>
> **Paul Halmos**

Exercício 1.1

Assuma o PIF como verdadeiro para provar que se $\mathcal{P}$ é uma propriedade referente aos números naturais tal que n_0 goza da propriedade $\mathcal{P}$ e se, do fato de um número natural $n \geq n_0$ gozar de $\mathcal{P}$, pode-se concluir que $n+1$ goza da propriedade $\mathcal{P}$, então todos os números naturais maiores do que n_0 gozam dessa propriedade.

Exercício 1.2

Mostre, utilizando o Princípio de Indução Finita, que

$$1 + 2 + 3 + \cdots + n = \frac{n(n+1)}{2}.$$

Exercício 1.3

Assuma que a soma dos ângulos internos de um triângulo é 2π. Prove que a soma dos ângulos internos de um polígono convexo de n lados é $s_n = (n-2) \cdot 2\pi$.

Exercício 1.4

Mostre que o número de diagonais de um polígono convexo de n lados é $d(n) = \frac{n(n-3)}{2}$.

Exercício 1.5

Pondo $P(1) = 1$ e $P(n+1) = \frac{1}{n+1}\sum_{i=1}^{n} P(i)$, para todo $n \in \mathbb{N}$. Determine o valor de $P(n)$, para $n \geq 2$. Em particular, o de $2P(2023)$.

Exercício 1.6

Sejam $a, b \in \mathbb{R}$ e $n \in \mathbb{N}$. Mostre, utilizando o Princípio de Indução Finita, que

$$(a+b)^n = \sum_{k=0}^{n} \binom{n}{k} a^{n-k} b^k,$$

onde $\binom{n}{k} = \frac{n!}{k!(n-k)!}$ é o coeficiente binomial. Assuma que $0! = 1$ e $n! = \prod_{i=1}^{n} i$, para todo $n \geq 1$.

Exercício 1.7

Provar que $2^n < n!$ quando $n \geq 4$.

Exercício 1.8

Mostre que, se $2 \leq m \leq n$, então

$$\binom{n}{m} \frac{1}{n^m} < \frac{1}{m!}.$$

Exercício 1.9

Utilize o Exercício 1.7 para provar que

$$1 + \frac{1}{1!} + \frac{1}{2!} + \frac{1}{3!} + \cdots + \frac{1}{n!} < 3.$$

Exercício 1.10

Mostre que

$$\binom{n}{0} + \binom{n}{1} + \binom{n}{2} + \cdots + \binom{n}{n-1} + \binom{n}{n} = 2^n.$$

Exercício 1.11

Qual é a expressão que representa a soma abaixo para todo $n \in \mathbb{N}$?

$$\frac{1}{1 \cdot 2} + \frac{1}{2 \cdot 3} + \cdots + \frac{1}{n(n+1)}$$

a) $\frac{1}{n+1}$. b) $\frac{1}{4n-2}$. c) $\frac{2}{n(n+1)}$. d) $\frac{n}{n+1}$.

Exercício 1.12

Sejam $n, k \in \mathbb{N}$. Mostre que $\binom{n}{k} = \binom{n}{k+1}$ se, e somente se, n é ímpar e $k = (n-1)/2$.

Exercício 1.13

Qual é a expressão que representa o produtório abaixo para todo $n \in \mathbb{N}$?

$$\prod_{i=1}^{n} \left(1 - \frac{1}{i+1}\right)$$

a) $\frac{1}{n+1}$. b) $\frac{1}{4n-2}$. c) $\frac{2}{n(n+1)}$. d) $\frac{n}{n+1}$.

Exercício 1.14

Mostre, usando o princípio de indução finita, que

$$\sum_{k=1}^{n} k \cdot \left(\frac{1}{2}\right)^{k-1} = 4 - \frac{n+2}{2^{n-1}}.$$

Exercício 1.15

Mostre, usando o princípio de indução finita, que

$$1^2 + 3^2 + \cdots + (2n-1)^2 = \frac{n(4n^2-1)}{3}.$$

Exercício 1.16

Mostre que

$$\frac{2 + 2^2 + \cdots + 2^{n+1}}{n+1} > n.$$

Exercício 1.17

Mostre que, para todo $n \in \mathbb{N}$, vale

$$\sum_{k=1}^{n} k \cdot 2^k = (n-1)2^{n+1} + 2.$$

Exercício 1.18

Encontre uma expressão fechada para a soma

$$1 \cdot 3 + 3 \cdot 5 + 5 \cdot 7 + \cdots + (2n-1) \cdot (2n+1).$$

Em seguida, utilizando o PIF, demonstre a validade de sua conjectura.

Exercício 1.19

Seja F_n o n-ésimo termo da sequência de Fibonacci, tal que $F_0 = 0$, $F_1 = 1$ e $F_n = F_{n-1} + F_{n-2}$ para todo $n \in \mathbb{N} \cup \{0\}$. Mostre que, para $n \in \mathbb{N}$, temos

(a) $F_1 + F_2 + \cdots + F_n = F_{n+2} - 1$.

(b) $F_{n+1} \cdot F_{n-1} - F_n^2 = (-1)^n$.

(c) $\begin{bmatrix} 1 & 1 \\ 1 & 0 \end{bmatrix}^n = \begin{bmatrix} F_{n+1} & F_n \\ F_n & F_{n-1} \end{bmatrix}$.

Exercício 1.20

Seja $x \in \mathbb{R}_+$ e $n \in \mathbb{N}$. Mostre que vale

$$(1+x)^n \geq \frac{1}{2}n(n-1)x^2.$$

Exercício 1.21

Utilize a Desigualdade de Bernoulli para mostrar que a função $f : \mathbb{N} \to \mathbb{R}$, dada por $f(n) = \left(1 + \frac{1}{n}\right)^n$ é crescente.

Exercício 1.22

Seja $a \in \mathbb{R}$ um número positivo e $n \in \mathbb{N}$. Mostre que

(a) $a^n > a$ sempre que $a > 1$.

(b) $a^n < a$ sempre que $a < 1$.

Exercício 1.23

Mostre, por indução, que

(a) $1^2 + 2^2 + \cdots + n^2 = n(n+1)(2n+1)/6$.

(b) $1 + 3 + 5 + \cdots + (2n-1) = n^2$.

(c) $1^3 + 2^3 + 3^3 + \cdots + n^3 = (1 + 2 + 3 + \cdots + n)^2$.

(d) $1 \cdot 2 + 2 \cdot 3 + 3 \cdot 4 + \cdots + n(n+1) = n(n+1)(n+2)/3$.

(e) $n^2 > 2n + 1$, $\forall n \geq 3$.

(f) se entre 2^n moeda, há apenas uma moeda falsa, com um peso diferente das demais, então é possível encontrar a falsa com n pesagens utilizando uma balança de dois pratos (mas sem nenhum peso).

(g) pondo $a_1 = 1, a_2 = 3$ e $a_n = a_{n-1} + a_{n-2}$ para todo $n \in \mathbb{N}$, com $n \geq 2$, vale $(\frac{7}{5})^n < a_n < (\frac{7}{4})^n$.

(h) $n! > n^2$, para todo número natural n, com $n \geq 4$.

Exercício 1.24

Mostre que, traçando-se n retas em um plano, não se pode dividi-lo em mais do que 2^n partes.

Exercício 1.25

Considere $f(n) = n^2 + n + 17$ e observe que os números

$$f(1) = 19, f(2) = 23, f(3) = 29, \ldots, f(12) = 257$$

são todos números primos. Podemos afirmar que f retorna sempre um número primo quando aplicada a um número natural? Prove ou dê um contraexemplo.

Exercício 1.26

Sejam $a, n \in \mathbb{N}$. Mostre que existe um $m \in \mathbb{N}$ tal que

$$(a+1)^n = m \cdot a + 1.$$

Exercício 1.27

Demonstrar que, para todo número natural n,

$$M_n = n(n^2 - 1)(3n + 2)$$

é múltiplo[a] de 24.

[a] um número $n \in \mathbb{N}$ é múltiplo de $m \in \mathbb{N}$ se existir um $k \in \mathbb{N}$, tal que $n = k \cdot m$.

Exercício 1.28

Sejam $a, n \in \mathbb{N}$. Mostre que $(a-1)^{2n+1} + (a-1)^{2n}$ é sempre um múltiplo de a.

Exercício 1.29

Considere $g(n, m) = n^2 + n + m$ para $m, n \in \mathbb{N}$. Podemos afirmar que $g(n, m)$ retorna sempre um número quadrado perfeito quando $m = n + 1$? Prove ou dê um contraexemplo.

Exercício 1.30

O PBO garante que um conjunto não vazio $S \subset \mathbb{N}$ limitado inferiormente possui um elemento mínimo $m \in S$. Mostre que tal elemento mínimo é único.

Exercício 1.31

Considere $n \in \mathbb{N}$ e mostre que

$$\left(1 - \frac{1}{4}\right)\left(1 - \frac{1}{9}\right)\left(1 - \frac{1}{16}\right)\cdots\left(1 - \frac{1}{n^2}\right) = \frac{n+1}{2n}$$

para todo $n \geq 2$

(a) utilizando o Princípio de Indução Finita.

(b) utilizando o Princípio da Boa Ordem.

Exercício 1.32. Propriedade Arquimediana

Sejam $a, b \in \mathbb{N}$. Mostre que existe um número $n \in \mathbb{N}$, tal que $a \cdot n > b$.

Exercício 1.33

Utilizando o Princípio da Boa Ordenação, mostre que, para todo $n \in \mathbb{N}$, vale

$$\sum_{k=1}^{n} k \cdot 2^k = (n-1)2^{n+1} + 2.$$

Exercício 1.34

Seja $A \subset \mathbb{N}$. Mostre que A é ilimitado se, e somente se, A é infinito.

Exercício 1.35

Prove, utilizando o PBO, para todo número natural $n \geq 4$, existem $a, b \in \mathbb{N} \cup \{0\}$, tais que $n = 2a + 5b$.

Exercício 1.36

Mostre que todo subconjunto não vazio de $\mathbb{Z}$ limitado inferiormente possui um elemento mínimo.

Exercício 1.37

Prove que todo subconjunto limitado e não vazio dos números naturais possui um maior elemento.

Exercício 1.38

Sejam $a, b \in \mathbb{N}$, com $a \neq 1$. Mostre que existe um número $n \in \mathbb{N}$ tal que $a^n > b$.

Exercício 1.39

Utilize o Segundo Princípio de Indução para provar que todo número natural diferente do número um possui um fator primo.[a]

[a]Dizer que um número natural possui um fator primo significa que ele possui um divisor inteiro maior do que 1 que tem exatamente dois divisores em $\mathbb{N}$.

Exercício 1.40

Dada a recorrência $a_1 = 2$, $a_2 = 20$ e $a_n = 2a_{n-1} + 8a_{n-2}$, para todo $n > 2$. Utilize o Segundo Princípio de Indução para provar que $a_n = 4^n + (-2)^n$, para todo $n \in \mathbb{N}$.

Exercício 1.41

Pesquise sobre os principais tipos de médias adotados para números reais positivos e, em seguida, apresente uma demonstração, utilizando o Segundo Princípio de Indução, para a desigualdade entre as médias aritmética e geométrica.

Exercício 1.42

Utilizando a desigualdade entre as médias aritmética e geométrica, mostre que

(a) $\frac{a+nb}{n+1} \geq \sqrt[n+1]{ab^n}$ se $a, b \in \mathbb{R}_+^*$.

(b) $(1 + a_1)(1 + a_2) \cdots (1 + a_n) \geq 2^n$ se $a_i > 0$ e $\prod_{i=1}^{n} a_i = 1$.

(c) $\sum_{k=1}^{n} \frac{1}{k} > n(\sqrt[n]{n+1} - 1)$

2 Sequências de Números Reais

Nosso objetivo neste capítulo é definir sequências de números reais e determinar algumas condições para que tais sequências convirjam ou não para algum número real.

2.1 Definições

Neste texto, iremos adotar

$$\mathbb{N} = \{1,\ 2,\ 3,\ \ldots,\ n,\ \ldots\}.$$

Quando for necessário usar o zero, utilizaremos a indicação $\mathbb{N} \cup \{0\}$.

Definição 2.1.1. Sequência de Números Reais

Uma sequência de números reais, ou sequência numérica, é uma função $x : \mathbb{N} \to \mathbb{R}$, que associa cada número natural n a um número real $x(n) = x_n$, chamado de n-ésimo termo da sequência.

Escrevemos $(x_1, x_2, \ldots,\ x_n,\ \ldots)$ ou $(x_n)_{n\in\mathbb{N}}$ ou simplesmente (x_n) para indicar a sequência cujo n-ésimo termo é x_n.

Alguns livros[1] costumam adotar a notação

$$\{x_n\}_{n\in\mathbb{N}} = \{x_1, x_2, \ldots, x_n, \ldots\}$$

para representar a sequência (x_n). Não adotaremos essa notação para não gerar dubiedade quanto a saber se estaremos nos referindo à sequência cujo n-ésimo termo é x_n ou ao conjunto de seus termos. Desse modo, assumiremos que $\{x_n\}_{n\in\mathbb{N}}$ representa apenas o conjunto imagem da função $x : \mathbb{N} \to \mathbb{R}$.

Definição 2.1.2. Sequência limitada

Dizemos que a sequência (x_n) é:

1) *limitada inferiormente*, se existir $a \in \mathbb{R}$, tal que $a \leq x_n$, $\forall n \in \mathbb{N}$;

2) *limitada superiormente*, se existir $b \in \mathbb{R}$, tal que $x_n \leq b$, $\forall n \in \mathbb{N}$;

3) *limitada*, se existirem $a, b \in \mathbb{R}$, tais que $a \leq x_n \leq b$, $\forall n \in \mathbb{N}$;

4) *ilimitada*, se não for limitada nem inferiormente, nem superiormente.

Uma condição necessária e suficiente para que uma sequência seja limitada é a existência de um $k \in \mathbb{R}_+$ com $|x_n| \leq k$. Pois,

i) se $|x_n| \leq k$, então $-k \leq x_n \leq k$, assim $a = -k$ e $b = k$;

ii) se $a \leq x_n \leq b$, tomando $k = \max\{|a|, |b|\}$, então

$$-k \leq a \leq x_n \leq b \leq k \Rightarrow |x_n| \leq k.$$

Definição 2.1.3. Monotonicidade de x_n

Uma sequência é dita:

1) *crescente* se, $\forall n \in \mathbb{N}$, tivermos $x_{n+1} > x_n$;

2) *decrescente* se, $\forall n \in \mathbb{N}$, tivermos $x_{n+1} < x_n$;

3) *não crescente* se, $\forall n \in \mathbb{N}$, tivermos $x_{n+1} \leq x_n$;

4) *não decrescente* se, $\forall n \in \mathbb{N}$, tivermos $x_{n+1} \geq x_n$.

Em qualquer um dos casos, a sequência será chamada de monótona.

[1] Isso acontece com mais frequência em livros de Cálculo Diferencial e Integral.

Exemplo 2.1.4 $x_n = n$ gera uma sequência monótona crescente e não é limitada superiormente, mas é limitada inferiormente por $x_1 = 1$.

$$(x_n) = (x_1, x_2, \ldots, x_n, \ldots) = (1, 2, \ldots, n, \ldots).$$

Exemplo 2.1.5 A sequência (x_n) dada por $x_n = \frac{1}{n}$ é monótona decrescente e é limitada, pois

$$n + 1 > n \Rightarrow \frac{1}{n+1} < \frac{1}{n}, \forall n \in \mathbb{N}.$$

O que garante a monotonicidade. Além disso,

$$0 < \frac{1}{n} \leq 1,$$

uma vez que

$$n \in \mathbb{N} \Rightarrow \begin{cases} n > 0 \Rightarrow \frac{1}{n} > 0 \\ n \geq 1 \Rightarrow \frac{1}{n} \leq 1. \end{cases}$$

Garantindo que (x_n) é limitada.

Agora, começaremos a discutir a possibilidade de convergência de uma sequência, ou seja, determinar, quando possível, o que acontece com os termos de uma sequência quando os índices tomados forem tão grandes quanto se queira.

A definição apresentada a seguir, apesar de ser simples e geralmente intuitiva, é tão forte que dá-nos uma ferramenta suficiente para desenvolver toda a teoria relacionada às sequências numéricas. Por outro lado, a construção de novas propriedades torna muito mais direta a abordagem de outras propriedades um pouco mais complexas. Por isso, tais propriedades são tão importantes.

Definição 2.1.6. Limite de uma sequência

Diz-se que um $a \in \mathbb{R}$ é o limite de sequência (x_n) quando, para todo número real $\varepsilon > 0$, dado arbitrariamente, existir um $n_0 \in \mathbb{N}$, tal que, para todo $n \in \mathbb{N}$ com $n > n_0$ tivermos

$$|x_n - a| < \varepsilon.$$

Em caso de afirmativo, escreve-se $\lim x_n = a$ ou $\lim\limits_{n \in \mathbb{N}} x_n = a$ ou $\lim\limits_{n \to +\infty} x_n = a$.
Quando a sequência não é convergente, diz-se divergente.

A definição de limite de uma sequência pode ser resumida em

$$a = \lim x_n \quad . \equiv . \quad \forall \varepsilon > 0, \exists n_0 \in \mathbb{N}; n > n_0 \Rightarrow |x_n - a| < \varepsilon.$$

Convém lembrar que,

$$|x_n - a| < \varepsilon \Leftrightarrow a - \varepsilon < x_n < a + \varepsilon \Leftrightarrow x_n \in (a - \varepsilon,\ a + \varepsilon).$$

Se a convergência trata do comportamento da sequência quando o índice é muito grande, é natural que o limite da sequência constante seja a própria constante.

Exemplo 2.1.7 Seja (x_n) uma sequência constante, tal que $x_n = k$, para todo $n \in \mathbb{N}$ e para algum $k \in \mathbb{R}$.

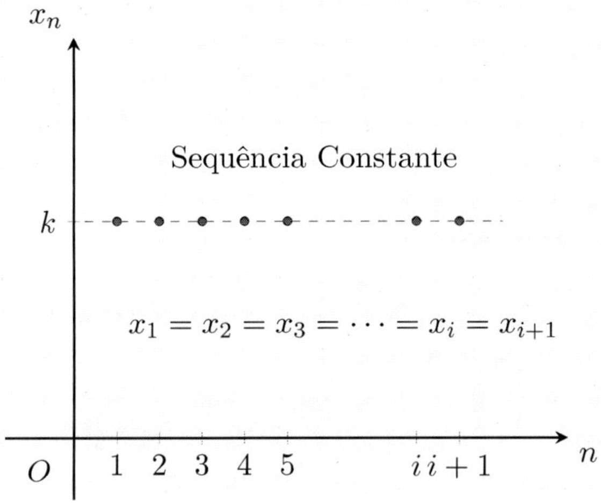

Então, $\lim x_n = k$.

De fato, para $n \in \mathbb{N}$ e $\varepsilon > 0$, tem-se

$$|x_n - k| = |k - k| < \varepsilon$$

que implica $\lim x_n = k$.

Exemplo 2.1.8 Considerando a sequência (x_n), dada por $x_n = \frac{1}{n}$, o gráfico apresentado a seguir representa como os pontos $X_n = (n, \frac{1}{n})$ se aproximam do eixo das abcissas quando n aumenta. De modo que podemos conjecturar que $\lim \dfrac{1}{n} = 0$.

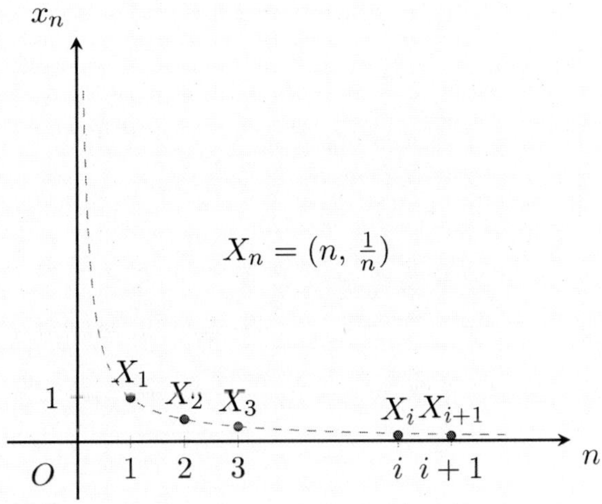

Com efeito, tomando $\varepsilon > 0$ qualquer e $n_0 > \frac{1}{\varepsilon}$ (equivale a $\varepsilon > \frac{1}{n_0}$), temos que, se $n > n_0$ então $\frac{1}{n} < \frac{1}{n_0}$ e, consequentemente,

$$|x_n - 0| = |x_n| = \frac{1}{n} < \frac{1}{n_0} < \varepsilon \quad \therefore \quad |x_n - 0| < \varepsilon$$

$$\therefore \quad \lim x_n = 0.$$

Um questionamento natural seria se perguntar se esses valores encontrados para os limites das sequências convergentes são únicos ou não. Pelos exemplos dados, sabemos que $\lim 1/n = 0$, porém ainda não provamos nada que garanta que o único valor de convergência de (x_n), com

$x_n = 1/n$, seja o zero[2]. Na Seção 2.2, o primeiro resultado versa exatamente sobre isso e veremos que a resposta quanto a unicidade é sim, uma sequência convergente deve convergir para um único valor.

2.2 Propriedades Iniciais

Para facilitar o entendimento e a manipulação da definição do limite de uma sequência convergente, traremos algumas propriedades que, juntamente com essa definição, são o alicerce escolhido para o restante do texto apresentado.

O próximo teorema é um daqueles resultados óbvios, mas que precisam ser demonstrados. Na Definição 2.1.6, nada é falado sobre o valor de convergência ser único e, por isso, faz-se necessário provar tal fato o quanto antes na teoria para que não precisemos ficar procurando mais de um valor de convergência quando a convergência for garantida por algum resultado.

Teorema 2.2.1

Uma sequência não pode convergir para dois limites distintos.

Demonstração.

Supondo que existam $a_1, a_2 \in \mathbb{R}$ tais que $a_1 \neq a_2$ e

$$1)\ \lim x_n = a_1 \Rightarrow \exists n_1 \in \mathbb{N}; n > n_1 \Rightarrow |x_n - a_1| < \frac{\varepsilon}{2}$$

$$2)\ \lim x_n = a_2 \Rightarrow \exists n_2 \in \mathbb{N}; n > n_2 \Rightarrow |x_n - a_2| < \frac{\varepsilon}{2}$$

como as condições 1) e 2) devem valer para qualquer $\varepsilon > 0$ e como $a_1 \neq a_2$, por hipótese, podemos tomar $\varepsilon = |a_1 - a_2|$, de modo que,

[2]observe que esse valor não pertence a imagem da função x, ou melhor dizendo, que não existe $k \in \mathbb{N}$, com $x_k = 0$.

para $n \geq \max\{n_1, n_2\}$, valeria

$$\begin{aligned}
\varepsilon &= |a_1 - a_2| \\
&= |a_1 - a_2 + x_n - x_n| \\
&= |(x_n - a_2) + (a_1 - x_n)| \\
&\leq |x_n - a_2| + |a_1 - x_n| \\
&= |x_n - a_2| + |x_n - a_1| \\
&< \frac{\varepsilon}{2} + \frac{\varepsilon}{2} = \varepsilon
\end{aligned}$$

um absurdo, pois teríamos $\varepsilon < \varepsilon$. Logo, se o limite de uma sequência existir ele deverá ser único.

■

Definição 2.2.2. Subsequência

Dada uma sequência $x = (x_n)_{n\in\mathbb{N}}$, uma subsequência de x é a restrição da função x a um subconjunto infinito

$$\mathbb{N}' = \{n_1,\, n_2,\, \ldots,\, n_k,\, \ldots\} \subset \mathbb{N},$$

com $n_1 < n_2 < \cdots < n_k < \cdots$.
Algumas possibilidades de representar uma subsequência são:
$x' = (x_n)_{n\in\mathbb{N}'}$ ou $x' = (x_{n_k})_{k\in\mathbb{N}}$ ou $x' = (x_{n_1},\, x_{n_2},\, \ldots,\, x_{n_k},\, \ldots)$.

Podemos observar que, toda subsequência também pode ser considerada como uma sequência. Além disso, $\mathbb{N}' \subset \mathbb{N}$ é infinito se, e somente se, é ilimitado, ou seja, para todo $n_0 \in \mathbb{N}$ existe um $n_k \in \mathbb{N}'$ tal que $n_k > n_0$.

Teorema 2.2.3

Se $a = \lim x_n$, então toda subsequência de (x_n) converge para a.

Demonstração.

De $a = \lim x_n$, temos que

$$\exists n_0 \in \mathbb{N};\ n > n_0 \Rightarrow |x_n - a| < \varepsilon.$$

Seja (x_{n_k}) uma subsequência, teremos

$$n_1 < n_2 < \cdots < n_k < \cdots$$

de forma ilimitada. Logo, existe um n_p com $n_p > n_0$, e assim, para todo $n_k > n_p > n_0$, teremos $|x_{n_k} - a| < \varepsilon$ e, portanto, $a = \lim x_{n_k}$.

■

Com os Teoremas 2.2.1 e 2.2.3, temos nosso primeiro teste de convergência. Pois, se (x_n) tem duas subsequências convergindo para valores diferentes, teremos que (x_n) é divergente.

Exemplo 2.2.4 A sequência (x_n) dada por $x_n = \frac{1-(-1)^n}{2}$ é divergente.

Solução. Perceba que

$$\begin{aligned} x_{2n} &= \frac{1-(-1)^{2n}}{2} \\ &= \frac{1-[(-1)^2]^n}{2} \\ &= \frac{1-1}{2} \\ &= 0 \end{aligned}$$

Restando que $x_{2n} = 0$ para todo $n \in \mathbb{N}$ (é uma sequência constante) e, desse modo, vale $\lim x_{2n} = 0$.

De modo análogo, vale que $\lim x_{2n+1} = 1$.

Com isso, temos $(x_n) = (1,\ 0,\ 1,\ 0,\ \ldots)$ e, se tivéssemos $a = \lim x_n$, então teríamos

$$0 = \lim x_{2n} = a = \lim x_{2n+1} = 1 \Rightarrow 0 = 1$$

um absurdo. Portanto, (x_n) diverge. ◇

Teorema 2.2.5

Toda sequência convergente é limitada.

Demonstração.

Seja (x_n) com $a = \lim x_n$, por definição, existe $n_0 \in \mathbb{N}$ com $n > n_0 \Rightarrow |x_n - a| < \varepsilon$. Tomando $\varepsilon = 1$, temos que existe um $n_1 \in \mathbb{N}$ com

$$n > n_1 \Rightarrow |x_n - a| < 1 \Rightarrow a - 1 < x_n < a + 1.$$

Sejam α e β o menor e o maior elemento, respectivamente, de $X = \{x_1,\ x_2,\ \ldots,\ x_{n_1},\ a-1,\ a+1\}$. Teremos

$$\alpha \le x_n \le \beta, \ \ \forall n \in \mathbb{N}.$$

Portanto, (x_n) é limitada.

■

Exemplo 2.2.6 A sequência (x_n) dada por $x_n = n$ não converge, pois não é limitada.

O próximo exemplo é direto ao garantir a divergência de uma sequência numérica por, simplesmente, ser ilimitada.

Exemplo 2.2.7 Seja (x_n) dada por $x_n = n^2 + 2$. Verifique se (x_n) é convergente.

Solução. Tomando $k, n_0 \in \mathbb{N}$, tais que $n_0 > \sqrt{k-2}$. Temos que para todo $n \in \mathbb{N}$, com $n > n_0$, vale

$$\begin{aligned} x_n = n^2 + 2 &> n_0^2 + 2 \\ &= (\sqrt{k-2})^2 + 2 \\ &= (k-2) + 2 \\ &= k. \end{aligned}$$

Portanto, $x_n > k$ para qualquer $k \in \mathbb{N}$. Nos restando que (x_n) não é limitada e, portanto, não pode ser convergente. ◇

2.3 Teoremas Importantes

Nesta seção, iremos discutir acerca de teoremas muito importantes que versam sobre as sequências numéricas.

Para tais teoremas, faz-se necessário apresentar uma propriedade que difere o conjunto $\mathbb{R}$, dos números reais, do conjunto $\mathbb{Q}$, dos números racionais, por sua completude que é definida pelo axioma a seguir.

Axioma 2.3.1. Axioma da Completude Se $X \subset \mathbb{R}$ é não vazio e limitado superiormente, então X possui uma *menor cota superior* $m \in \mathbb{R}$. A essa menor cota de X chamamos de supremo e denotamos por $m = \sup X$.

Vale observar que, pelo Axioma 2.3.1, se m for uma cota superior de $X \subset \mathbb{R}$ e $m \in X$, teremos $m = \sup X$. Além disso, não é apresentado nada sobre uma possível maior cota inferior, que existe se X for limitado inferiormente (ver Exercício 2.10) e é denotada por $\inf X$.

Exemplo 2.3.2 Pondo $X = [2,3)$, temos que $\inf X = 2$, pois 2 é uma cota inferior de X e $2 \in X$. Por outro lado, $3 \notin X$, mas, mesmo assim, temos $3 = \sup X$. Com efeito, se fosse $2 < \sup X = a < 3$, teríamos

$$2 < b = 2 + a/3 < 3,$$

ou seja, $b \in X$. Além disso,

$$\begin{aligned} a < 3 \quad &\Rightarrow \quad 2a < 6 \\ &\Rightarrow \quad 3a - 6 < a \\ &\Rightarrow \quad a < 2 + \frac{a}{3} = b. \end{aligned}$$

Portanto, teríamos $a < b$. De modo que, a não poderia ser uma cota superior de X por ser menor do que $b \in X$. De sorte que $3 = \sup X$.

Teorema 2.3.3

Seja $X \subset \mathbb{R}$ um conjunto não vazio e limitado superiormente, com $\sup X = a$. Mostre que, para todo $\varepsilon > 0$, existe $x \in X$ tal que $a - \varepsilon < x \leq a$.

Demonstração.

Como $\varepsilon > 0$, $a = \sup X$ é a menor cota superior de X e $a - \varepsilon < a$, temos que $a - \varepsilon$ não é uma cota superior de X. Portanto, temos que existe algum $x \in X$ tal que $x > a - \varepsilon$. Assim, devemos ter

$$a - \varepsilon < x \leq a.$$

■

Munidos das ideias de supremo e ínfimo de um subconjunto de $\mathbb{R}$, podemos retornar às propriedades de sequências.

O Teorema 2.3.4 é considerado por muitos autores de livros sobre Análise real como um dos resultados mais importantes da fundamentação teórica dos números reais.

Teorema 2.3.4. Teorema Bolzano

Toda sequência monótona limitada é convergente.

Demonstração.

Seja (x_n) monótona, sem perda de generalidade assumiremos que a sequência é não decrescente (os outros casos são totalmente análogos), e limitada. Escrevemos

$$X = \{x_1,\, x_2,\, x_3,\, \ldots,\, x_n,\, \ldots\} \text{ e } a = \sup X.$$

Dado $\varepsilon > 0$, $a - \varepsilon$ não é cota superior de X. Existe $n_0 \in \mathbb{N}$, tal que

$$a - \varepsilon < x_{n_0} < a.$$

Logo, por (x_n) ser não decrescente $(x_{n+1} \geq x_n)$, temos que, $n > n_0$ e

$$a - \varepsilon < x_{n_0} \leq x_n < a < a + \varepsilon$$

ou seja, para todo $\varepsilon > 0$ existe um $n_0 \in \mathbb{N}$, tal que

$$n > n_0 \Rightarrow |x_n - a| < \varepsilon.$$

Logo, $\lim x_n = a = \sup X$.

■

Com esse teorema, temos que se uma sequência (x_n) for monótona limitada, então:
i) crescente ou não decrescente, $\lim x_n = \sup\{x_n;\, n \in \mathbb{N}\}$;
ii) decrescente ou não crescente, $\lim x_n = \inf\{x_n;\, n \in \mathbb{N}\}$.

O Teorema de Bolzano é muito importante porque ele é uma ferramenta que pode ser usada para mostrar que uma sequência é convergente mesmo sem saber explicitamente qual é o valor de convergência da mesma e muitas propriedades de sequências numéricas assumem que tais sequências são convergentes, mas, na maioria dos problemas, não é dado que a sequência converge ou não. Assim, usamos o Teorema de Bolzano para garantir a convergência e poder usar as propriedades que tornarão possível determinar o valor de convergência.

Exemplo 2.3.5 A sequência (x_n), dada por

$$x_1 = 1$$
$$x_2 = \sqrt{1 + \sqrt{2}}, \text{ e}$$
$$x_n = \sqrt{1 + \sqrt{2 + \sqrt{3 + \cdots + \sqrt{n}}}} \text{ para } n \geq 2,$$

é convergente.

Solução. Inicialmente, devemos observar que, para todo $n \in \mathbb{N}$, temos $\sqrt{n+1} > 0$ e, consequentemente, $n < n + \sqrt{n+1}$.
Ou seja, $x_{n+1} > x_n$, garantindo que a sequência dada é monótona.

Além disso,

$$\begin{aligned}
0 < x_n &= \sqrt{1+\sqrt{2+\sqrt{3+\cdots+\sqrt{n}}}} \\
&= \sqrt{2}\cdot\sqrt{\frac{1}{2}+\sqrt{\frac{2}{4}+\sqrt{\frac{3}{8}+\cdots+\sqrt{\frac{n}{2^n}}}}} \\
&< \sqrt{2}\cdot\sqrt{1+\sqrt{1+\sqrt{1+\cdots+\sqrt{1}}}}.
\end{aligned}$$

Pondo $y_n = \sqrt{1+\sqrt{1+\sqrt{1+\cdots+\sqrt{1}}}}$, temos a recorrência $y_{n+1} = \sqrt{y_n+1}$ e que $y_1 = \sqrt{1} < 2$. Supondo que $y_n < 2$, implica $y_{n+1} < \sqrt{2+1} < 2$. Assim, pelo PIF, vale $y_n < 2$ para todo número natural n e, consequentemente, $x_n < 2\sqrt{2}$ para todo n natural.
Observe que isso garante que (x_n) é monótona (crescente) e limita $(0 < x_n < 2\sqrt{2})$. Pelo Teorema de Bolzano, temos que a sequência (x_n) é convergente, mesmo não sabendo qual seria o valor do limite.

◇

Teorema 2.3.6. Teorema Weirstrass

Toda sequência limitada possui uma subsequência convergente.

Demonstração.

Como (x_n) é limitada, qualquer subsequência de (x_n) também é limitada. Para usar o Teorema de Bolzano, precisamos mostrar que (x_n) tem uma subsequência monótona.
Para isso, diremos que um termo x_n é destacado se $x_n \geq x_p$ para todo $p > n$. Seja $D = \{n_1 < n_2 < \cdots < n_k < \cdots\}$ o conjunto de todos os índices dos termos destacados de (x_n). Há duas possibilidades.
1^a) D é infinito e, nesse caso, a subsequência (x_{n_k}) é monótona, pois dados $p > n \Rightarrow x_p \leq x_n$ é não crescente. Logo, existe um $a \in \mathbb{R}$ com $\inf\{x_n; n \in D\} = a = \lim x_{n_k}$.

2^a) D é finito. Seja $N_1 \in \mathbb{N}$ maior do que todos os $n \in D$. Logo, como x_{N_1} não é destacado, portanto existe $N_2 \in \mathbb{N}$ e $N_2 > N_1$ com $x_{N_1} < x_{N_2}$. Por sua vez, N_2 não é destacado, ou seja, existe $N_3 \in \mathbb{N}$ e $N_3 > N_2$ com $x_{N_2} < x_{N_3}$ e $N_3 > N_2 > N_1$. Prosseguindo dessa forma obtemos uma subsequência crescente $x_{N_1} < x_{N_2} < \cdots < x_{N_k} < \cdots$, assim (x_{N_k}) é monótona e limitada e pelo Teorema Bolzano, converge.

■

Exemplo 2.3.7 Seja (x_n) como no Exemplo 2.2.4, observe que

$$0 \leq x_n \leq 1$$

é limitada e temos $\lim x_{2n} = 0$.

Teorema 2.3.8

Seja $a = \lim x_n$. Se $b < a$, então, para todo n suficientemente grande, tem-se $b < x_n$. Analogamente, se $a < b$ então $x_n < b$, para n suficientemente grande.

Demonstração.

Como $a = \lim x_n$, temos que

$$\forall \varepsilon > 0, \exists n_0 \in \mathbb{N}; n > n_0 \Rightarrow |x_n - a| < \varepsilon.$$

Tomando $\varepsilon = a - b$, temos

$$\begin{aligned} a - \varepsilon < x_n < a + \varepsilon \quad &\Rightarrow \quad x_n > a - \varepsilon \\ &\Rightarrow \quad x_n > a - (a - b) = b. \end{aligned}$$

A outra parte é análoga.

■

Teorema 2.3.9

Se $a = \lim x_n$ e $b = \lim y_n$. Se $x_n \leq y_n$ para todo n suficientemente grande, então $a \leq b$.

Demonstração.

Se fosse $b < a$, existiria um número $c \in \mathbb{R}$, tal que $b < c < a$. Pelo Teorema 2.3.8, para n suficientemente grande, teríamos que

$$y_n < c < x_n$$

o que seria um absurdo. Logo, deve ser $a \leq b$.

■

Observe que, se $x_n > y_n$ não podemos garantir que

$$\lim x_n > \lim y_n.$$

Tomando $x_n = \frac{1}{n}$ e $y_n = 0$, teremos $\lim x_n = 0 = \lim y_n$.

Teorema 2.3.10. Teorema do Confronto, TC

Sempre que $\lim x_n = \lim y_n = a$ e $x_n \leq z_n \leq y_n$, para todo n suficientemente grande, tem-se $\lim z_n = a$.

Demonstração.

Como $\lim x_n = \lim y_n = a$, temos

$$\begin{cases} \forall \varepsilon > 0, \exists n_0 \in \mathbb{N}, n > n_0 \Rightarrow |x_n - a| < \varepsilon \\ \forall \varepsilon > 0, \exists n_1 \in \mathbb{N}; n > n_1 \Rightarrow |y_n - a| < \varepsilon \end{cases}.$$

Tomando $n_2 \in \mathbb{N}$ tal que para todo $n > n_2$, tenha-se a desigualdade $x_n \leq z_n \leq y_n$ e $n_3 = \max\{n_0, n_1, n_2\}$, temos assim que $n > n_3$ implica

$$a - \varepsilon < x_n \leq z_n \leq y_n \leq a + \varepsilon$$

logo

$$a - \varepsilon < z_n < a + \varepsilon.$$

Portanto, temos que $\lim z_n = a$. ■

Teorema 2.3.11

Seja (x_n) uma sequência que converge para zero e (y_n) uma sequência limitada, então $\lim(x_n \cdot y_n) = 0$.

Demonstração.

Como (y_n) é limitada, existe uma $k \in \mathbb{R}^*_+$, tal que $|y_n| \leq k$. Por outro lado, $\lim x_n = 0$ é equivalente a dizer que para todo $\varepsilon > 0$ existe $n_0 \in \mathbb{N}$, tal que $|x_n| < \frac{\varepsilon}{k}$.
Logo, para todo $n \in \mathbb{N}$ com $n > n_0$, teremos

$$|x_n \cdot y_n - 0| = |x_n \cdot y_n| = |x_n||y_n| < \frac{\varepsilon}{k} \cdot k = \varepsilon$$

de sorte que, pela definição, $0 = \lim(x_n \cdot y_n)$. ■

Esse teorema poderia ter sido demonstrado utilizando o teorema do confronto, pois

$$|y_n| \leq k \Rightarrow -k \leq |y_n| \leq k \Rightarrow -k|x_n| \leq |y_n \cdot x_n| \leq k|x_n|$$

além disso, como $\lim x_n = 0$, temos

$$\lim -k|x_n| = \lim k|x_n| = 0.$$

Isso, pelo Teorema do Confronto, é suficiente para garantir o resultado desejado.

Teorema 2.3.12. Operações com limites

Se $a = \lim x_n$ e $b = \lim y_n$, então

1. $\lim(x_n \pm y_n) = a \pm b$
2. $\lim(x_n \cdot y_n) = a \cdot b$.
3. Se $b \neq 0$, $\lim \dfrac{x_n}{y_n} = \dfrac{a}{b}$.

Demonstração.

1. Basta mostrar que $\lim(x_n + y_n) = a + b$, pois, se esse caso for verdadeiro, teremos

$$\lim(x_n - y_n) = \lim[x_n + (-y_n)] = a + (-b) = a - b.$$

Para mostrar que $\lim(x_n + y_n) = a + b$, devemos encontrar um $n_0 \in \mathbb{N}$ tal que

$$|(x_n + y_n) - (a + b)| < \varepsilon, \forall n > n_0.$$

Pela Desigualdade Triangular,

$$|(x_n + y_n) - (a + b)| = |(x_n - a) + (y_n - b)| \leq |x_n - a| + |y_n - b|.$$

Sendo suficiente mostrar que $|x_n - a| + |y_n - b| < \varepsilon$ para todo $n > n_0$. Por hipótese, temos que $\lim x_n = a$ e $\lim y_n = b$, assim para todo $\varepsilon > 0$ existem $n_1, n_2 \in \mathbb{N}$, tais que

$$n > n_1 \Rightarrow |x_n - a| < \varepsilon/2 \text{ e } n > n_2 \Rightarrow |y_n - b| < \varepsilon/2.$$

De modo que, para $n > \max\{n_1, n_2\}$, temos

$$\begin{aligned} |(x_n + y_n) - (a + b)| &= |(x_n - a) + (y_n - b)| \\ &\leq |x_n - a| + |y_n - b| \\ &< \frac{\varepsilon}{2} + \frac{\varepsilon}{2} = \varepsilon. \end{aligned}$$

Que, pela definição de sequência convergente, garante que $\lim(x_n + y_n) = a + b$.

2. Agora, precisaremos de uma manipulação algébrica para simplificar o caminho até o objetivo. Pois, queremos $|x_n y_n - ab| < \varepsilon$ para todo $n > n_0 \in \mathbb{N}$ o que não é tão imediato, mas fazendo

$$\begin{aligned} |x_n y_n - ab| &= |x_n y_n \overbrace{- a y_n + a y_n}^{=0} - ab| \\ &= |y_n(x_n - a) + a(y_n - b)| \\ &\leq |y_n(x_n - a)| + |a(y_n - b)| \\ &= |y_n| \cdot |x_n - a| + |a||y_n - b|. \end{aligned}$$

Se fossem $a = \lim x_n = 0$ ou $b = \lim y_n = 0$, pelo Teorema 2.3.11, teríamos $\lim x_n y_n = 0$, pois uma seria limitada (por ser convergente) e a outra tenderia a zero. Por outro lado, se fossem $a = \lim x_n \neq 0$ e $\lim y_n \neq 0$, teríamos que para todo $\varepsilon > 0$ existem $n_1, n_2 \in \mathbb{N}$, tais que

$$n > n_1 \Rightarrow |y| < k \in \mathbb{R}_+^* \text{ e } |y_n - b| < \frac{\varepsilon}{2|a|} \Rightarrow |a||y_n - b| < \frac{\varepsilon}{2},$$

$$n > n_2 \Rightarrow |x_n - a| < \frac{\varepsilon}{2k} \Rightarrow |y_n| \cdot |x_n - a| < \frac{\varepsilon}{2},$$

de modo que, para todo $\varepsilon > 0$ e $n > n_0 = \max\{n_1, n_2\}$, temos

$$\begin{aligned} |x_n y_n - ab| &\leq |y_n| \cdot |x_n - a| + |a||y_n - b| \\ &< \frac{\varepsilon}{2} + \frac{\varepsilon}{2} = \varepsilon \end{aligned}$$

Que, pela definição de sequência convergente, garante que $\lim(x_n y_n) = ab$.

3. Como temos a validade da propriedade para o produto de sequência convergentes, basta mostrar que $\lim 1/y_n = 1/b$, quando $\lim y_n = b \neq 0$. De fato, assumindo essa validade, teríamos

$$\lim \frac{x_n}{y_n} = \lim x_n \cdot \frac{1}{y_n} = a \cdot \frac{1}{b} = \frac{a}{b}.$$

Pela convergência de (y_n), temos que existe um $n_1 \in \mathbb{N}$, tal que para todo $n > n_1$, teremos $|y_n - b| < \frac{|b|}{2}$, com isso, para $n > n_1$ temos

$$\begin{aligned} |y_n| &= |b - (b - y_n)| \\ &\geq |b| - |b - y_n| \\ &= |b| - |y_n - b| \\ &> |b| - \frac{|b|}{2} = \frac{|b|}{2} \end{aligned}$$

de modo que $\frac{1}{y_n} < \frac{2}{|b|}$ para todo $n > n_1$. Também existe um número natural n_2, tal que para todo $n > n_2$ e $\varepsilon > 0$ temos

$$|y_n - b| < \frac{\varepsilon |b|^2}{2}.$$

Além disso, para todo $\varepsilon > 0$ e $n > \max\{n_1, n_2\}$, vale

$$\left| \frac{1}{y_n} - \frac{1}{b} \right| = \left| \frac{1}{y_n} \right| \left| \frac{y_n - b}{b} \right| < \frac{2}{|b|} \frac{\varepsilon |b|}{2} = \varepsilon.$$

Que garante $\lim \frac{1}{y_n} = \frac{1}{b}$ sempre que $\lim y_n = b \neq 0$.

Dessa forma, temos o suficiente para anunciar a demonstração como finalizada.

■

A Parte 2. do Teorema 2.3.12, nos dá, como caso particular, que se $\lim x_n = a$, então $\lim c \cdot x_n = c \cdot a$ para qualquer $c \in \mathbb{R}$. Para isso, basta observar que $c = \lim c$. Com efeito, pondo $c_n = c$ para todo $n \in \mathbb{N}$, temos

$$\lim(c_n \cdot x_n) = \lim c_n \cdot \lim x_n = c \cdot a.$$

Antes de aplicar o Teorema 2.3.12 (ou qualquer outro), devemos estar atentos às hipóteses e se essas são ou não válidas. Por exemplo, ao tentar calcular o limite

$$\lim a_n = \lim \left(\underbrace{\frac{1}{n} + \frac{1}{n} + \cdots + \frac{1}{n}}_{n \text{ parcelas}} \right)$$

poderíamos determinar erroneamente que $\lim a_n = 0$, uma vez que o limite de cada parcela, $\lim 1/n$, é zero. Porém, ao simplificar a expressão de a_n, temos

$$a_n = n \cdot \frac{1}{n} = 1 \Rightarrow \lim a_n = 1.$$

Onde estaria o erro que nos levou ao zero como valor do limite? Está no fato de que a quantidade de parcelas de a_n não está fixada e tende ao infinito junto com o n. Assim, inicialmente seria uma [3]indeterminação do tipo $0 \cdot \infty$. Ademais, se fosse qualquer quantidade fixada, teríamos que o limite, realmente, seria zero.

O exemplo a seguir mostra uma estratégia a ser utilizada no cálculo de alguns tipos limites em que acontecem indeterminações. Vejamos

Exemplo 2.3.13 Determine, caso exista, o valor do limite $\lim \frac{5n^2-4n}{4n^2-3}$.

Solução. Observe que $\lim 5n^2$ e $\lim 4n$ não existe (não são finitos). Logo, não podemos calcular o limite do numerador diretamente. De modo análogo, acontece com o denominador.

[3]Observe que há uma diferença entre indeterminação e impossibilidade.

Por outro lado, como $n > 0$, temos que, caso o limite exista, vale a igualdade a seguir

$$\lim \frac{5n^2 - 4n}{4n^2 - 3} = \lim \frac{5 - \frac{4}{n}}{4 - \frac{3}{n^2}}.$$

Além disso, pondo $a_n = 5 - \frac{4}{n}$ e $b_n = 4 - \frac{3}{n^2}$, teremos

$$\begin{aligned}
\lim a_n &= \lim \left(5 - \frac{4}{n}\right) \\
&= \lim 5 - 4 \lim \frac{1}{n} \\
&= 5 - 4 \cdot 0 \\
&= 5.
\end{aligned}$$

Observe que só foi possível separar os limites porque sabemos que $\lim 5 = 5$, $\lim 4 = 4$ e $\lim 1/n = 0$. Em particular, que o limite de cada parcela existe.

Semelhantemente, $\lim 4 = 4$, $\lim 3 = 3$ e $\lim 1/n = 0$.

$$\begin{aligned}
\lim b_n &= \lim \left(4 - \frac{3}{n^2}\right) \\
&= \lim 4 - 3 \lim \frac{1}{n^2} \\
&= 4 - 3 \lim \left(\frac{1}{n} \cdot \frac{1}{n}\right) \\
&= 4 - 3 \lim \frac{1}{n} \cdot \lim \frac{1}{n} \\
&= 4 - 3 \cdot 0 \cdot 0 \\
&= 4 - 0 \\
&= 4.
\end{aligned}$$

Possibilitando, aplicar a propriedade do limite do quociente de duas sequências convergentes. De modo que,

$$\lim \frac{5n^2 - 4n}{4n^2 - 3} = \lim \frac{a_n}{b_n} = \frac{5}{4}.$$

◇

Uma consequência interessante das operações com limites de sequências convergentes é apresentado no exemplo a seguir.

Exemplo 2.3.14 Sejam as sequências convergentes $(a_n) \to a$ e $(b_n) \to b$ e seja (c_n) uma sequência numérica qualquer. Se tivermos que $\lim(a_n + c_n) = \lim b_n$, então devemos ter que (c_n) é uma sequência convergente. Com efeito,

$$\begin{aligned} \lim c_n &= \lim[(a_n + c_n) - (a_n)] \\ &= \lim(b_n - a_n) \\ &= b - a. \end{aligned}$$

Ou seja, se o limite da soma existir e se o limite de uma das parcelas existir, então o limite da outra parcela existirá e deverá ser exatamente a diferença entre esses.
Outra possibilidade é trabalhar com o limite do produto, se $\lim(a_n \cdot c_n) = \lim b_n$ e $\lim a_n \neq 0$, então, de modo análogo à soma, temos $\lim c_n = b/a$. Observe que, se $\lim a_n = 0$, não temos uma determinação para o limite da sequência $(c_n) = (b_n/a_n)$. Por exemplo, se $a_n = 1/n$ e $b_n = 1/n$, teríamos $\lim c_n = 1$ (convergente). Se, por outro lado, $a_n = 1/n$ e $b_n = 2$, teríamos $\lim b_n/a_n = \lim 2n$ que não é limitada e consequentemente é divergente.

A seguir, apresentamos uma propriedade que é uma aplicação direta da Propriedade das Operações entre limites de sequências convergentes.

Exemplo 2.3.15 Seja $x_n > 0$, para todo número natural n. Se

$$\lim \frac{x_{n+1}}{x_n} = a < 1,$$

então $\lim x_n = 0$.
Solução. Seja $c \in \mathbb{R}$, com $a < c < 1$, temos que $\frac{x_{n+1}}{x_n} < c$, para n suficientemente grande, logo

$$0 < x_{n+1} = \left(\frac{x_{n+1}}{x_n}\right) x_n < c \cdot x_n < x_n.$$

Assim, para n suficientemente grande, (x_n) é monótona e limitada, assim, pelo Teorema de Bolzano, podemos escrever $\lim x_n = b$ para algum $b \in \mathbb{R}$. Como $x_{n+1} < c \cdot x_n$, temos $x_{n+1} - c \cdot x_n \leq 0$ e

$$\begin{aligned}\lim(x_{n+1} - c \cdot x_n) \leq \lim 0 \quad &\Rightarrow \quad \lim x_{n+1} - c \cdot \lim x_n \leq 0 \\ &\Rightarrow \quad b - c \cdot b \leq 0 \\ &\Rightarrow \quad b(1-c) \leq 0.\end{aligned}$$

Como $1 - c > 0$ e $b \geq 0$, nos resta que $\lim x_n = b = 0$.

◇

Esse resultado poderia ser posto como uma consequência do Teorema do Confronto. Com efeito, como $\lim \frac{x_{n+1}}{x_n} < 1$, existem $c \in \mathbb{R}$, com $0 < c < 1$, e $n_0 \in \mathbb{N}$, tais que, para todo $n \in \mathbb{N}$ que seja maior do que n_0, vale

$$0 < x_n = x_{n_0} \prod_{n=n_0}^{n-1} \frac{x_{n+1}}{x_n} < x_{n_0} c^{n-n_0}.$$

Como

$$\lim 0 = \lim x_{n_0} c^{n-n_0} = 0,$$

nos resta que, pelo Teorema do Confronto, $\lim x_n = 0$.

Essa segunda abordagem ainda pode ser estendida ao caso relacionado à divergência de (x_n) quando $\lim \frac{x_{n+1}}{x_n} = b > 1$ pelo fato de, nesse caso, (x_n) ser ilimitada.

Exemplo 2.3.16 Seja (x_n) uma progressão geométrica, cujo primeiro termo é $a \in \mathbb{R}^*$ e a razão é $0 < q < 1$. Assim, $x_n = aq^n$. Além disso,

$$\lim \frac{x_{n+1}}{x_n} = \frac{aq^{n+1}}{aq^n} = q < 1.$$

Pelo Exemplo 2.3.15, temos $\lim x_n = 0$. Ou seja, todas as progressões geométricas de números reais, cuja razão seja um número positivo e menor do que 1, convergem para zero.

2.4 Constante de Euler

Agora discutiremos um pouco sobre a constante de Euler que surgiu para resolver um problema relacionado à Matemática Financeira, em particular, sobre o problema da capitalização contínua proposto por Jakob Bernoulli.

Exemplo 2.4.1 A sequência de Euler (x_n), cujo n−ésimo termo é dado por $x_n = \left(1+\dfrac{1}{n}\right)^n$ é convergente. Além disso, definimos a constante de Euler (e), como sendo

$$e = \lim_{n\to+\infty} \left(1+\frac{1}{n}\right)^n \approx 2,71828183.$$

Pelo Teorema de Bolzano, para mostrar que tal sequência converge, basta mostrar que (x_n) é limitada e monótona.

(i) Monotonicidade

Queremos mostrar que $x_{n+1} > x_n$, equivalentemente, que $\frac{x_{n+1}}{x_n} > 1$. Com efeito,

$$\frac{x_{n+1}}{x_n} = \frac{\left(1+\dfrac{1}{n+1}\right)^{n+1}}{\left(1+\dfrac{1}{n}\right)^n} = \frac{\left(\dfrac{n+2}{n+1}\right)^n \dfrac{n+2}{n+1}}{\left(\dfrac{n+1}{n}\right)^n}.$$

Com isso,

$$\frac{x_{n+1}}{x_n} = \left[1+\frac{-1}{(n+1)^2}\right]^n \frac{n+2}{n+1}.$$

Como, $n \in \mathbb{N}$ nos dá que $\dfrac{-1}{(n+1)^2} > -1$, pela Desigualdade de Bernoulli, temos

$$\left[1+\frac{-1}{(n+1)^2}\right]^n \geq 1+\frac{-n}{(n+1)^2}.$$

Além disso, $\dfrac{n+2}{n+1} > 0$. Logo,

$$\begin{aligned} \frac{x_{n+1}}{x_n} &\geq \left(1 - \frac{n}{(n+1)^2}\right)\frac{n+2}{n+1} \\ &= \frac{(n+1)^3+1}{(n+1)^3} \\ &= 1 + \underbrace{\frac{1}{(n+1)^3}}_{n>0} > 1. \end{aligned}$$

Portanto, $\dfrac{x_{n+1}}{x_n} > 1$.
Assim garantimos que a sequência dada é monótona (crescente).

(ii) Limitada

Observe que $n > 0$ implica $x_n = \left(1 + \dfrac{1}{n}\right)^n > 0$. Ou seja, (x_n) é limitada inferiormente. Além disso, pelo Binômio de Newton,

$$\begin{aligned} x_n &= \left(1+\frac{1}{n}\right)^n \\ &= \binom{n}{0}1^n\left(\frac{1}{n}\right) + \binom{n}{1}1^{n-1}\left(\frac{1}{n}\right)^1 + \cdots + \binom{n}{n}1^0\left(\frac{1}{n}\right)^n \\ &= 1 + \frac{1}{1!} + \frac{n(n-1)}{2!}\frac{1}{n^2} + \cdots + \frac{n(n-1)(n-2)\cdots 1}{n!}\frac{1}{n^n} \\ &= 1 + \frac{1}{1!} + \frac{1}{2!}\underbrace{\left(1-\frac{1}{n}\right)}_{<1} + \cdots + \frac{1}{n!}\underbrace{\left(1-\frac{1}{n}\right)\cdots\left(1-\frac{n-1}{n}\right)}_{<1} \\ &< 1 + \frac{1}{1!} + \frac{1}{2!} + \frac{1}{3!} + \cdots + \frac{1}{n!} < 3. \end{aligned}$$

Assim, concluímos que $0 < x_n < 3$, ou seja, (x_n) é limitada. Como (x_n) é crescente, pelo Teorema de Bolzano, temos que (x_n) converge para algum valor real que chamaremos de *Constante de Euler* (e).

Pode-se perceber que cada um dos termos $x_n = \left(1 + \dfrac{1}{n}\right)^n$ é um número racional, mas seu limite não pertence a tal conjunto. Ou seja, se tivéssemos trabalhando apenas com o conjunto $\mathbb{Q}$, dos números racionais, teríamos que (x_n) seria uma sequência que não converge (divergente).

2.5 Relação entre o quociente e a raiz n-ésima

A seguir, temos um teorema muito importante quando se trata de determinar o valor de convergência de uma sequência a partir do quociente ou da raiz n−ésima do termo geral de uma sequência. [4]

Teorema 2.5.1

Seja (a_n) uma sequência cujos termos são diferentes de zero. Se $\lim \dfrac{|a_{n+1}|}{|a_n|} = a$, então $\lim \sqrt[n]{|a_n|} = a$.

A demostração desse teorema pode não ser tão simples para aqueles que estão tendo um primeiro contato com os conteúdos da disciplina de Análise Real. Se esse for o seu caso, pode deixar para entender tal demonstração quando estiver mais experiente e com um domínio melhor dos requisitos para a demonstração. De qualquer maneira, sugerimos uma primeira leitura.

Demonstração.

Esse teorema é equivalente ao teorema cujo enunciado é o seguinte: se (x_n) é uma sequência tal que $x_n > 0$ para todo $n \in \mathbb{N}$ e com $\lim \frac{x_{n+1}}{x_n} = a$, então $\lim \sqrt[n]{x_n} = a$. Iremos, por simplicidade, provar essa versão alternativa. A demostração será dividida em duas partes. (i) Seja $a = 0$. Suponha que $\epsilon > 0$ é dado. Defina $y_n = \frac{x_{n+1}}{x_n}$. Então $x_{n+1} = x_n \cdot y_n$. Temos

$$x_2 = x_1 \cdot y_1,\ x_3 = x_2 \cdot y_2, \dots,\ x_{n+1} = x_n \cdot y_n.$$

Multiplicando membro a membro essas igualdades e fazendo as sim-

[4]No próximo capítulo, veremos que tal teorema também é muito importante para determinar se uma série é convergente.

plificações necessárias, chegamos a

$$x_{n+1} = x_1 \cdot y_1 \cdot y_2 \cdot \ldots \cdot y_n.$$

Como $\lim y_n = 0$, para um certo $n_0 \in \mathbb{N}$, temos $y_n < \frac{\epsilon}{2}$ para todo $n > n_0$. Consequentemente, se $n > n_0$, então

$$y_{n_0+1} \cdot \ldots \cdot y_n < \left(\frac{\epsilon}{2}\right)^{n-n_0}.$$

Pondo $c = x_1 \cdot y_1 \cdot \ldots \cdot y_{n_0} \cdot \left(\frac{\epsilon}{2}\right)^{-(n_0+1)}$, ficamos com

$$x_{n+1} = c \cdot \left(\frac{\epsilon}{2}\right)^{n+1} \quad \text{para todo } n > n_0$$

e, assim,

$$\sqrt[n+1]{x_{n+1}} = \sqrt[n+1]{c} \cdot \frac{\epsilon}{2} \text{ para todo } n > n_0. \tag{2.1}$$

Como $\lim \sqrt[n+1]{c} = 1$ (pelo Exercício 2.17), existe um $n_1 \in \mathbb{N}$ tal que

$$\sqrt[n+1]{c} < 2 \text{ para todo } n > n_1. \tag{2.2}$$

Logo, de (2.1) e (2.2), temos

$$\sqrt[n+1]{x_{n+1}} < \epsilon \text{ para todo } n > \max\{n_0, n_1\}.$$

Assim, $\lim \sqrt[n+1]{x_{n+1}} = 0$, uma vez que este processo pode ser feito para qualquer $\epsilon > 0$. Logo, $\lim \sqrt[n]{x_n} = 0$.

(ii) Agora suponha $a > 0$. Tome um $N \in \mathbb{N}$, com $N \geq 2$, tal que $a - \frac{\epsilon}{N} > 0$. Defina $z_n = \frac{x_{n+1}}{x_n} - a$. Então $a + z_n > 0$, $x_{n+1} = x_n(a + z_n)$ e $\lim z_n = 0$. Além disso, das igualdades

$$x_2 = x_1(a + z_1),\ x_3 = x_2(a + z_2), \ldots,\ x_{n+1} = x_n(a + z_n),$$

após multiplicá-las membro a membro e fazer as devidas simplificações, obtemos

$$x_{n+1} = x_1(a + z_1)(a + z_2) \cdots (a + z_n). \tag{2.3}$$

Como $\lim(a + z_n) = a$, existe $n_0 \in \mathbb{N}$ tal que

$$a - \frac{\epsilon}{N} < a + z_n < a + \frac{\epsilon}{N}$$

para todo $n > n_0$. Por conseguinte, se $n > n_0$, temos

$$\left(a - \frac{\epsilon}{N}\right)^{n-n_0} < (a + z_{n_0+1}) \cdot \ldots \cdot (a + z_n) < \left(a + \frac{\epsilon}{N}\right)^{n-n_0}. \quad (2.4)$$

Defina

$$c_1 = x_1(a + z_1) \cdot \ldots \cdot (a + z_{n_0}) \left(a - \frac{\epsilon}{N}\right)^{-(n_0+1)} \quad (2.5)$$

e

$$c_2 = x_1(a + z_1) \cdot \ldots \cdot (a + z_{n_0}) \left(a + \frac{\epsilon}{N}\right)^{-(n_0+1)}. \quad (2.6)$$

Multiplicando todos os membros de (2.4) por $z_1 \cdot \ldots \cdot z_{n_0}$, escrevendo

$$\left(a \pm \frac{\epsilon}{N}\right)^{n-n_0} = \left(a \pm \frac{\epsilon}{N}\right)^{n+1} \cdot \left(a \pm \frac{\epsilon}{N}\right)^{-(n_0+1)}$$

e, pelas Expressões (2.3), (2.5) e (2.6), chegamos a

$$c_1 \cdot \left(a - \frac{\epsilon}{N}\right)^{n+1} < x_{n+1} < c_2 \cdot \left(a + \frac{\epsilon}{N}\right)^{n+1},$$

que vale para todo $n > n_0$. Logo,

$$\sqrt[n+1]{c_1} \cdot \left(a - \frac{\epsilon}{N}\right) < \sqrt[n+1]{x_{n+1}} < \sqrt[n+1]{c_2} \cdot \left(a + \frac{\epsilon}{N}\right) \quad (2.7)$$

para cada $n > n_0$. Mas

$$\lim \sqrt[n+1]{c_1} \cdot \left(a - \frac{\epsilon}{N}\right) = a - \frac{\epsilon}{N} \text{ e } \lim \sqrt[n+1]{c_2} \cdot \left(a + \frac{\epsilon}{N}\right) = a + \frac{\epsilon}{N}.$$

Logo, existem $n_1, n_2 \in \mathbb{N}$ tais que

$$a - \epsilon = \left(a - \frac{\epsilon}{N}\right) - \frac{\epsilon(N-1)}{N} < \sqrt[n+1]{c_1} \cdot \left(a - \frac{\epsilon}{N}\right), \forall n > n_1 \quad (2.8)$$

$$\sqrt[n+1]{c_2} \cdot \left(a + \frac{\epsilon}{N}\right) < \left(a - \frac{\epsilon}{N}\right) + \frac{\epsilon(N-1)}{N} = a + \epsilon, \forall n > n_2. \quad (2.9)$$

Logo, das Expressões (2.7), (2.8) e (2.9), chegamos a

$$a - \epsilon < \sqrt[n+1]{x_{n+1}} < a + \epsilon \text{ para todo } n > \max\{n_0, n_1, n_2\}.$$

Como $\epsilon > 0$ é arbitrário, temos $\lim \sqrt[n+1]{x_{n+1}} = a$. Portanto, $\lim \sqrt[n]{x_n} = a$.

■

No Exemplo 2.5.2, temos uma aplicação direta desse teorema.

Exemplo 2.5.2 Temos que $\lim \dfrac{n}{\sqrt[n]{n!}} = e$. De fato, pondo $x_n = \dfrac{n^n}{n!}$, temos que $x_n \neq 0$ para todo $n \in \mathbb{N}$ e que

$$\begin{aligned}
\lim \frac{|x_{n+1}|}{|x_n|} &= \lim \frac{\dfrac{(n+1)^{n+1}}{(n+1)!}}{\dfrac{n^n}{n!}} \\
&= \lim \frac{(n+1)^n}{n^n} \\
&= \lim \left(\frac{n+1}{n}\right)^n \\
&= \lim \left(1 + \frac{1}{n}\right)^n \\
&= e.
\end{aligned}$$

Como $\lim \dfrac{|x_{n+1}|}{|x_n|} = e$ (existe), assim temos que

$$\begin{aligned}
\lim \frac{n}{\sqrt[n]{n!}} &= \lim \sqrt[n]{\frac{n^n}{n!}} \\
&= \lim \sqrt[n]{x_n} \\
&= \lim \frac{|x_{n+1}|}{|x_n|} = e.
\end{aligned}$$

Como queríamos mostrar.

Vale salientar que, antes de utilizar o Teorema 2.5.1, deve-se verificar se o limite do quociente existe. Ou seja, devemos verificar se $\left(\frac{|x_{n+1}|}{|x_n|}\right)$ é convergente. Para, só depois disso, afirmar que $(\sqrt[n]{|x_n|})$ converge e o limite será igual ao limite do quociente.

Ainda podemos usar o Teorema 2.5.1, o Exemplo 2.3.14 e algumas manipulações algébricas para determinar um limite que não é tão direto ou óbvio.

Exemplo 2.5.3 Assuma que (a_n), cujo $n-$ésimo termo é dado por

$$a_n = \left[\frac{(n+1)^2}{n(n+2)}\right]^{n^2},$$

é uma sequência convergente e determine o valor de convergência da mesma.

Solução. Iremos adotar uma sequência auxiliar (x_n), com

$$x_n = \left(\frac{n}{n+1}\right)^{n^2}.$$

De início essa escolha poderá não fazer muito sentido, mas veremos que ela é adequada para resolver nosso problema.

Agora, observe que

$$\lim \sqrt[n]{x_n} = \lim \left(\frac{n}{n+1}\right)^n = \lim \frac{1}{(1+1/n)^n} = \frac{1}{e}.$$

Disso temos que, pelo Teorema 2.5.1, se $\lim x_{n+1}/x_n$ existir deve ser igual a $1/e$.

Além disso,

$$\begin{aligned}
\frac{x_{n+1}}{x_n} &= \frac{\left(\frac{n+1}{n+2}\right)^{(n+1)^2}}{\left(\frac{n}{n+1}\right)^{n^2}} \\
&= \left(\frac{n+1}{n+2}\right)^{(n+1)^2} \cdot \left(\frac{n+1}{n}\right)^{n^2} \\
&= \left(\frac{n+1}{n+2}\right)^{n^2} \cdot \left(\frac{n+1}{n+2}\right)^{2n+1} \cdot \left(\frac{n+1}{n}\right)^{n^2} \\
&= \underbrace{\left[\frac{(n+1)^2}{n(n+2)}\right]^{n^2}}_{a_n} \cdot \underbrace{\left(\frac{n+1}{n+2}\right)^{2n+1}}_{c_n}
\end{aligned}$$

Como $\lim a_n$ existe por hipótese, basta mostrar que

$$\lim c_n = \lim \left(\frac{n+1}{n+2}\right)^{2n+1}$$

existe para garantir que $\lim x_{n+1}/x_n$ existe.

Para mostrar que $\lim c_n$ existe, basta calcular seu limite. Vejamos:

$$\begin{aligned}\lim c_{n-1} &= \lim\left(\frac{n}{n+1}\right)^{2n-1}\\ &= \lim\left(\frac{n+1}{n}\right)^{1-2n}\\ &= \lim\frac{1+\frac{1}{n}}{\left(1+\frac{1}{n}\right)^n\cdot\left(1+\frac{1}{n}\right)^n}\\ &= \frac{1}{e^2}.\end{aligned}$$

Como $\lim c_{n-1} = 1/e^2$, nos resta que $\lim c_n = 1/e^2$ e isso garante sua convergência e a convergência de $\lim x_{n+1}/x_n$. Logo, pelo que já foi apresentado, temos que $\lim x_{n+1}/x_n = 1/e$. Pelo que foi discutido no Exemplo 2.3.14, temos

$$\lim a_n = \frac{\lim\frac{x_{n+1}}{x_n}}{\lim c_n} = \frac{1/e}{1/e^2} = e.$$

Portanto, $\lim a_n = e$. ◇

No próximo exemplo, veremos que se uma sequência de números positivos é convergente, o limite da média geométrica entre os seus termos deve ser exatamente o limite da própria sequência o que, de fato, é um resultado interessante.

Exemplo 2.5.4 Dada uma sequência de números positivos x_n, com $\lim x_n = a$, prove que

$$\lim_{n\to+\infty}\sqrt[n]{x_1\cdot x_2\cdot x_3\cdot\ldots\cdot x_n} = a.$$

Solução. Pondo, $y_n = \prod_{i=1}^{n} x_i$, temos

$$\lim\frac{y_{n+1}}{y_n} = \lim x_{n+1} = \lim x_n = a.$$

Assim,

$$\begin{aligned}\lim \sqrt[n]{x_1 \cdot x_2 \cdot x_3 \cdot \ldots \cdot x_n} &= \lim \sqrt[n]{\prod_{i=1}^{n} x_i} \\ &= \lim \sqrt[n]{y_n} \\ &= \lim \frac{y_{n+1}}{y_n} \\ &= a.\end{aligned}$$

Com isso, chegamos ao resultado desejado.

◇

2.6 Sequência de Cauchy

Nesta seção, definiremos as sequências de Cauchy. Tais sequências são importantes por terem uma relação estrita com o conjunto dos números reais. Por exemplo, ao leitor, pode não ser uma novidade designar o $\mathbb{R}$ como sendo um conjunto ordenado (há uma ordem respeitada por seus elementos) e completo (completude não presente nos conjuntos $\mathbb{N}$, $\mathbb{Z}$ e $\mathbb{Q}$). Essa propriedade da completude de $\mathbb{R}$ é a que relaciona-o com as sequências de Cauchy. Pois, em um *corpo* completo todas as sequências de Cauchy são convergentes e convergem para valores desse *corpo*.

A seguir, veremos uma exemplo de sequência de Cauchy e de sequência que não é de Cauchy.

Definição 2.6.1. Sequência de Cauchy

Uma sequência de números reais (x_n) é dita uma Sequência de Cauchy se, para todo $\varepsilon > 0$, existir um $n_0 \in \mathbb{N}$ tal que para todos $m, n \in \mathbb{N}$, com $m > n_0$ e $n > n_0$, vale $|x_m - x_n| < \varepsilon$.

Exemplo 2.6.2. A sequência harmônica é de Cauchy A sequência (x_n), dada por $x_n = 1/n$ é uma sequência de Cauchy.

Solução. De fato, sejam $m, n \in \mathbb{N}$ e $\varepsilon > 0$, com $m < n$ e $m > 1/\varepsilon$, temos que $1/m < \varepsilon$ e

$$\begin{aligned} |x_m - x_n| &= \left|\frac{1}{m} - \frac{1}{n}\right| \\ &< \frac{1}{m} \\ &< \varepsilon. \end{aligned}$$

Nos dando que, a sequência (x_n) satisfaz as condições para ser uma sequência de Cauchy. ◇

O próximo exemplo apresenta uma sequência que não é de Cauchy.

Exemplo 2.6.3. A série harmônica não é de Cauchy A sequência (y_n), dada por $y_n = \sum_{k=1}^{n} \frac{1}{k}$, não é uma sequência de Cauchy.

Solução. Sejam $m, n \in \mathbb{N}$ e $\varepsilon > 0$, com $m > n$ e $m = 2n$, temos que

$$\begin{aligned} |y_m - y_n| &= \left|\sum_{k=1}^{m} \frac{1}{k} - \sum_{k=1}^{n} \frac{1}{k}\right| \\ &= \sum_{k=n+1}^{m} \frac{1}{k} \\ &\geq \sum_{k=n+1}^{m} \frac{1}{m} \\ &\geq \frac{m-n}{m}. \end{aligned}$$

Além disso, como estamos considerando $m = 2n$, temos

$$|y_m - y_n| = \frac{2n - n}{2n} \geq \frac{1}{2},$$

assim, para $m = 2n$, temos $|y_m - y_n| \geq \frac{1}{2}$. Logo, se $0 < \varepsilon < \frac{1}{2}$, não teremos $|y_m - y_n| < \varepsilon$. Portanto, (y_n), com $y_n = \sum_{k=1}^{n} \frac{1}{k}$, não é uma sequência de Cauchy. ◇

Teorema 2.6.4

Toda sequência convergente é uma sequência de Cauchy.

Demonstração.

Suponha que (x_n) seja uma sequência convergente para l. Assim, existe $n_0 \in \mathbb{N}$, tal que para todo $\varepsilon > 0$ e $m, n \in \mathbb{N}$, com $n > n_0$ e $m > n_0$, valem

$$|x_n - l| < \varepsilon/2 \text{ e } |x_m - l| < \varepsilon/2.$$

Pela desigualdade triangular, temos

$$\begin{aligned} |x_m - x_n| &= |(x_m - l) + (x_n - l)| \\ &\leq |x_m - l| + |x_n - l| \\ &< \varepsilon/2 + \varepsilon/2 = \varepsilon. \end{aligned}$$

Nos dando que (x_n) é uma sequência de Cauchy.

■

Com o Exemplo 2.6.3 e o Teorema 2.6.4, temos que a série harmônica não é convergente. No próximo capítulo, daremos mais uma demonstração desse resultado. Além disso, como

$$y_{n+1} = \sum_{k=1}^{n+1} \frac{1}{k} < \sum_{k=1}^{n} \frac{1}{k} = y_n,$$

temos que (y_n) é uma sequência monótona crescente. Se tal sequência fosse limitada, pelo Teorema de Bolzano, seria convergente, mas esse não é o caso. Portanto, (y_n), com $y_n = \sum_{k=1}^{n} \frac{1}{k}$, é ilimitada superiormente.

Teorema 2.6.5

Toda sequência de Cauchy é limitada.

Com os resultados apresentados nessa seção, podemos enunciar e demonstrar o principal resultado sobre sequências de Cauchy. Tal resultado buscado nos dá que toda sequência de Cauchy é convergente[5].

[5]Observe que já temos o fato de que todas as sequências convergentes são de

Teorema 2.6.6

Toda sequência de Cauchy é convergente.

Demonstração.

Dividiremos a demonstração em duas partes.

(1) Sabemos que toda sequência Cauchy é limitada e que, pelo Teorema de Weirstrass, toda sequência limitada possui uma subsequência convergente. Portanto, toda sequência de Cauchy possui uma subsequência convergente.

Nossa missão agora é mostrar que essa subsequência convergente é razão suficiente para a convergência da sequência (de Cauchy) em si.

(2) Seja (x_n) uma sequência de Cauchy, assim temos que, dado $\varepsilon > 0$, existe $n_0 \in \mathbb{N}$ tal que $m, n > n_0$ implica

$$|x_m - x_n| < \frac{\varepsilon}{2}.$$

Seja ainda (x_{n_k}) a subsequência convergente (garantida pela argumentação anterior) que converge para $l \in \mathbb{R}$. Logo, existe $n_k > n_0$, com

$$|x_{n_k} - l| < \frac{\varepsilon}{2}.$$

Portanto, pela desigualdade triangular,

$$\begin{aligned} |x_n - l| &= |(x_n - x_{n_k}) + (x_{n_k} - l)| \\ &\leq |x_n - x_{n_k}| + |x_{n_k} - l| \\ &< \frac{\varepsilon}{2} + \frac{\varepsilon}{2} \\ &= \varepsilon, \end{aligned}$$

nos dando que $|x_n - l| < \varepsilon$ para todo $\varepsilon > 0$ e $n \in \mathbb{N}$, com $n > n_0$. Ou seja, $\lim x_n = l$. ■

De posse de todos os resultados dessa seção, podemos afirmar que uma sequência de números reais é convergente se, e somente se, for uma sequência de Cauchy.

Cauchy.

2.7 Limites Infinitos

Em algumas situações, é necessário tratar de sequências que, pela definição são divergentes, mas que divergem de uma maneira bem específica (ilimitadamente).

Definição 2.7.1. Sequência Infinita

Dizemos que uma sequência (x_n) diverge para $+\infty$, e escrevemos $\lim x_n = \infty$, quando para todo $M \in \mathbb{R}$, existir um $n_0 \in \mathbb{N}$, tal que, para todo $n \in \mathbb{N}$ com $n > n_0$, tenhamos $x_n > M$.
De modo análogo, se para todo $N \in \mathbb{R}$, existir um $n_1 \in \mathbb{N}$, tal que, para todo $n > n_1$, tivermos $x_n < N$, dizemos que (y_n) diverge para $-\infty$ e escrevemos $\lim y_n = -\infty$.

É possível observar que se uma sequência for monótona ela será convergente se for limitada (Teorema de Bolzano), divergirá para $+\infty$ se for nao decrescente e ilimitadas superiormente ou divergirá para $-\infty$ se for não crescente e ilimitada inferiormente.

Por outro lado, não é necessário que uma sequência seja monótona para que seja divergente para $+\infty$ ou $-\infty$. Basta ver que

$$x_n - \begin{cases} n, & \text{se } n \text{ é par} \\ n^2, & \text{se } n \text{ é ímpar} \end{cases}$$

não é monótona e mesmo assim diverge para $+\infty$.

Exemplo 2.7.2 Temos que $\lim \frac{3n^2-n}{n+1} = +\infty$.

Solução. De fato, observe que, para $n \in \mathbb{N}$, com $n > 1$, temos

$$3n^2 - n > 3n^2 - n^2 = 2n^2 \text{ e } n + 1 < 2n.$$

De modo que, pondo $a_n = (3n^2 - n)/(n + 1)$, para qualquer $M \in \mathbb{R}$

fixado temos

$$a_n = \frac{3n^2 - n}{n+1} > \frac{2n^2}{2n} = n > M$$

por $\mathbb{N}$ ser um conjunto ilimitado superiormente. Com isso, nos resta que $\lim a_n = +\infty$.

◇

Vale salientar que os símbolos $+\infty$ e $-\infty$ não representam números reais. Eles indicam apenas uma ideia relacionada a um objeto não limitado superiormente e inferiormente respectivamente.

Teorema 2.7.3

Seja (x_n) uma sequência de termos positivos. Vale que $\lim x_n = +\infty$ se, e somente se, $\lim 1/x_n = 0$.

Demonstração.

Supondo que tenhamos $\lim x_n = +\infty$. Dado $\varepsilon > 0$, podemos tomar $M = 1/\varepsilon$. Assim, existe um número natural n_0 tal que $n > n_0$ implica que $x_n > M = 1/\varepsilon$. De modo que, para $n > n_0$ teremos $\frac{1}{x_n} < \varepsilon$ e, como $x_n > 0$ para todo $n \in \mathbb{N}$, nos resta que para todo $\varepsilon > 0$ existe $n_0 \in \mathbb{N}$ tal que

$$n > n_0 \Rightarrow \left| \frac{1}{x_n} - 0 \right| < \varepsilon.$$

Pela definição de sequência convergente, $\lim \frac{1}{x_n} = 0$. A implicação contrária é praticamente análoga. Bastando observar que, para qualquer $M > 0$, existe um $\varepsilon > 0$ tão pequeno que vale $M < 1/\varepsilon$.

■

Exemplo 2.7.4 Temos que $\lim \frac{3n^2-n}{n+1} = +\infty$. De fato, pondo $x_n = \frac{3n^2-n}{n+1}$, nos resta que $x_n > 0$ para todo $n \in \mathbb{N}$ e

$$\lim 1/x_n = \lim \frac{n+1}{3n^2 - n} = \lim \frac{\frac{1}{n} - \frac{1}{n^2}}{3 - \frac{1}{n}} = \frac{0-0}{3-0} = 0.$$

Portanto, pelo Teorema 2.7.3, $\lim x_n = +\infty$.

O Exemplo 2.7.4 nos dá indiretamente duas sequências do tipo $\frac{\pm\infty}{+\infty}$ sendo uma convergente (para zero) e a outra divergente (para $+\infty$). O limite do quociente de sequências que divergem para $\pm\infty$ não é algo determinado. Há outros tipos de indeterminação ao operar com esses limites infinitos.

$+\infty - \infty$:

1. Sejam $a_n = n + 1$ e $b_n = n$, temos que
   $\lim a_n = \lim b_n = +\infty$ e
   $$\lim(a_n - b_n) = \lim[(n+1) - n] = \lim 1 = 1.$$
2. Tomando $a_n = \sqrt{n+1}$ e $b_n = \sqrt{n}$, temos $\lim a_n = \lim b_n = +\infty$ e
   $$\begin{aligned} \lim(a_n - b_n) &= \lim(\sqrt{n+1} - \sqrt{n}) \\ &= \lim(\sqrt{n+1} - \sqrt{n}) \cdot \frac{\sqrt{n+1} + \sqrt{n}}{\sqrt{n+1} + \sqrt{n}} \\ &= \lim \frac{1}{\sqrt{n+1} + \sqrt{n}} \\ &= 0. \end{aligned}$$
3. Pondo $a_n = 2n$ e $b_n = n$, temos
   $\lim a_n = \lim b_n = +\infty$ e
   $$\lim(a_n - b_n) = \lim(2n - n) = \lim n = +\infty.$$
   Ou ainda
   $$\lim(b_n - a_n) = \lim(n - 2n) = \lim(-n) = -\infty.$$

Esses casos nos mostram que não adianta tentar prever o resultado obtido a partir de $+\infty - \infty$. Sendo que o resultado pode ser finito (convergir para um número real) ou infinito.

$0 \cdot (+\infty)$:

1. Sejam $a_n = 1/n$ e $b_n = n$, temos que $\lim a_n = 0$, $\lim b_n = +\infty$ e
$$\lim(a_n \cdot b_n) = \lim\left(\frac{1}{n} \cdot n\right) = \lim 1 = 1.$$
2. Tomando $a_n = 1/n$ e $b_n = n^2$, temos que $\lim a_n = 0$, $\lim b_n = +\infty$ e
$$\lim(a_n \cdot b_n) = \lim\left(\frac{1}{n} \cdot n^2\right) = \lim n = +\infty.$$
3. Pondo $a_n = 1/n^2$ e $b_n = n$, temos que $\lim a_n = 0$, $\lim b_n = +\infty$ e
$$\lim(a_n \cdot b_n) = \lim\left(\frac{1}{n^2} \cdot n^2\right) = \lim \frac{1}{n} = 0.$$

Esses últimos casos nos mostram que $0 \cdot (+\infty)$ é, realmente, uma indeterminação. Logo, quando esses casos surgirem, devemos analisar cada um separadamente para determinar se a sequência converge ou diverge.

Teorema 2.7.5

Seja (a_n) uma sequência de números reais. Se $\lim \dfrac{|a_{n+1}|}{|a_n|} > 1$, então $\lim |a_n| = +\infty$.

Demonstração.

Inicialmente, devemos observar que se (b_n) é uma sequência, tal que $b_n = a \cdot q^n$, com $a \in \mathbb{R}_+^*$ e $q > 1$ (uma progressão geométrica, cuja razão é maior do que um) e definindo uma nova sequência (c_n), dada por $c_n = 1/b_n$ temos que $\lim c_n = 0$ (por ser uma progressão geométrica de termos positivos, cuja razão é menor do que um) e, consequentemente, $\lim b_n = +\infty$ (por ser uma sequência de termos positivos, cujo limite de seu inverso tende a zero).

Além disso, por hipótese, temos que existem $n_0 \in \mathbb{N}$ e $q \in \mathbb{R}$ tais que, para todo $n \in \mathbb{N}$, com $n > n_0$ vale $\dfrac{|a_{n+1}|}{|a_n|} > q$.

Nos resta que,

$$a_n > a_{n_0} \cdot q^{n-n_0} = d_n$$

como (d_n) é uma progressão geométrica, cuja razão é maior do que um. Temos que a mesma é ilimitada superiormente. Ou seja, (a_n) é uma sequência que é maior do que uma sequência ilimitada superiormente e, assim, só pode ser ilimitada superiormente. Portanto, $\lim a_n = +\infty$ que é o resultado desejado.

■

Assim, temos que, para as sequências que satisfaçam as condições do Teorema 2.7.5 e que

1. se for uma sequência de termos positivos a partir de um certo índice $n_0 \in \mathbb{N}$, vale $\lim a_n = +\infty$.
2. se for uma sequência de termos negativos a partir de um certo índice $n_0 \in \mathbb{N}$, vale $\lim a_n = -\infty$.

Observe que o Teorema 2.7.5 não trata dos casos em que

$$\lim \frac{|a_{n+1}|}{|a_n|} = 1$$

podendo a sequência (a_n) convergir ou não nesse caso.

Exemplo 2.7.6 Considere as sequências (a_n), (b_n) e (c_n), dadas por $a_n = n$, $b_n = (-1)^n$ e $c_n = 1/n$. Em qualquer um desses casos, temos que

$$\lim |a_{n+1}|/|a_n| = \lim |b_{n+1}|/|b_n| = \lim |c_{n+1}|/|c_n| = 1.$$

Além disso, $\lim a_n = +\infty$, (b_n) diverge e $\lim c_n = 0$. Ou seja, quando o limite for um, devemos analisar os casos separadamente.

A seguir, são propostos alguns exercícios para uma melhor fixação do conteúdo apresentado até agora.

2.8 Exercícios

Você talvez tenha que lutar uma mesma batalha mais de uma vez para vencê-la.

Margaret Thatcher

Exercício 2.1

Faça um esboço geométrico da definição de convergência de uma sequência.

Exercício 2.2

Encontre duas leis de formação para a sequência numérica

$$(x_n) = (0, 2, 0, 2, 0, 2, \ldots).$$

Exercício 2.3

Escreva os cinco primeiros termos de cada sequência dada por

(a) $a_n = \frac{n-1}{n+2}$.

(b) $a_n = \frac{3n^2-1}{n^3}$.

(c) $a_n = \frac{(-1)^{n+1}}{n}$.

Exercício 2.4

Fixados reais a, b, c e d, com $c \neq 0$, defina

$$s_n = (an + b)/(cn + d), \text{ com } n > -d/c.$$

Mostre que (s_n) é uma sequência crescente se $ad - bc > 0$, constante se $ad - bc = 0$ e decrescente se $ad - bc < 0$.

Exercício 2.5

Utilizando a definição de convergência, mostre que a sequência (a_n) dada por $a_n = \frac{n}{n+4}$ é convergente.

Exercício 2.6

Seja (x_n) uma sequência de termos positivos, tal que, para todos $m, n \in \mathbb{N}$, tenhamos

$$|x_m - x_n| \leq \frac{2mn}{m^2 + n^2}.$$

Prove que a sequência é constante.

Exercício 2.7

Utilizando a definição de convergência de uma sequência, mostre que

a) $\lim(\sqrt{n+1} - \sqrt{n}) = 0$.

b) $\lim \frac{3n}{n+\text{sen}(2n)} = 3$.

Exercício 2.8

Seja (x_n) uma sequência de números reais positivos, tal que $\lim x_n = a > 0$. Mostre que $\lim \sqrt{x_n} = \sqrt{a}$.

Exercício 2.9

Sejam $a \in \mathbb{R}$ e (a_n) uma sequência, tal que

$$\lim a_{2n} = \lim a_{2n-1} = a.$$

Mostre que (a_n) é convergente e que $\lim a_n = a$.

Exercício 2.10

Utilize o Axioma 2.3.1 para mostrar que todo conjunto não vazio $X \subset \mathbb{R}$ limitado inferiormente possui uma maior cota inferior.

Exercício 2.11

Faça o que se pede.

(a) Seja $c \in \mathbb{R}$ tal que $0 < |c| < 1$, mostre que existe um $d > 0$, com $|c| = 1/(1+d)$.
Em seguida, utilize a Desigualdade de Bernoulli para provar que $|c^n| \leq 1/(nd)$.

(b) Utilizando o item anterior para provar que se $|c| < 1$, então $\lim c^n = 0$.

(c) Use os itens anteriores para provar que se $|c| < 1$, então $\lim \sqrt{n} \cdot c^n = 0$.

(d) Use o item anterior para provar que $\lim nc^n = 0$ se $|c| < 1$.

Exercício 2.12

Seja $X \subset \mathbb{R}$ um conjunto não vazio e limitado superiormente, com $\sup X = a$. Se $n \in \mathbb{N}$, então existe $x \in X$ tal que

$$a - \frac{1}{n} < x \leq a.$$

Exercício 2.13

Justificando matematicamente, diga quais das seguintes afirmações são verdadeiras e quais são falsas.

(a) Se $\lim b_n = +\infty$ e $\lim a_n = 0$, então $\lim a_n b_n$ não existe.

(b) Se (a_n) e (b_n) são sequências de termos positivos, tais que $\lim b_n = 0$ e $\lim a_n = 0$, então $\lim a_n/b_n = 1$.

(c) Se $\lim a_n$ existe e $\lim b_n$ não existe, então $\lim(a_n + b_n)$ não existe.

(d) Se $\lim |a_n| = 1$, então $\lim a_n = 1$ ou $\lim a_n = -1$.

(e) Se $\lim(a_n - a_{n+2}) = 0$, então $\lim(a_n - a_{n+1}) = 0$.

(f) Se $\lim a_{2n} = a$ e $\lim a_{2n+1} = a$, então $\lim a_n = a$

Exercício 2.14

Sejam $c \in \mathbb{R}_+$, (a_n) e (b_n) sequências numéricas.

Se $\lim a_n = 0$ e existe um $b \in \mathbb{R}$, tal que

$$|b_n - b| \leq c \cdot |a_n|$$

para todo n suficientemente grande, mostre que $\lim b_n = b$. Em seguida, mostre que $\lim(n^2 + 2n)/(n^3 - 4) = 0$.

Exercício 2.15

Utilize as propriedades de limite de uma sequência para determinar o valor de

$$P = \lim \left(\frac{1}{1-n^2} + \frac{3}{1-n^2} + \frac{5}{1-n^2} + \cdots + \frac{2n-1}{1-n^2} \right).$$

Exercício 2.16

Suponha que o limite a seguir existe e determine seu valor.

$$\lim \frac{1}{(n+1)!} \sum_{k-1}^{n} k \cdot k!.$$

Exercício 2.17

Dado $a > 0$, encontre o valor de $\lim \sqrt[n]{a}$.

Exercício 2.18

Sejam $a, q \in \mathbb{R}_+^*$, com $q < 1$. Mostre que $\lim a^n \cdot q^{2^n} = 0$.

Exercício 2.19

Sabendo que $a_1 = 9$ e $a_n = \frac{1}{2}\left(a_{n-1} + \frac{9}{a_{n-1}}\right)$, encontre o valor de $\lim a_n$.

Exercício 2.20

Seja (x_n), com $x_n > 0$, para todo $n \in \mathbb{N}$, e $\lim \sqrt[n]{x_n} = b < 1$. Mostre que $\lim x_n = 0$.

Exercício 2.21

Mostre que $\lim \frac{\ln(n)}{n} = 0$.

Exercício 2.22

Se $x_n > 0$, para todo $n \in \mathbb{N}$, e $\lim x_n = 0$, podemos afirmar que $\lim \sqrt[n]{x_n} = 0$? Justifique matematicamente.

Exercício 2.23

Mostre que a sequência $(\sqrt[n]{n})$ é monótona a partir do terceiro termo e é limitada. Por fim, encontre $\lim \sqrt[n]{n}$.

Exercício 2.24

Em cada item, prove ou dê um contraexemplo.

(a) Se (a_n) e (b_n) divergem, então $(a_n + b_n)$ diverge.

(b) Se (a_n) e (b_n) divergem, então $(a_n \cdot b_n)$ diverge.

(c) Toda sequência ilimitada superiormente diverge para $+\infty$.

Exercício 2.25

Determine o valor de $\lim x_n$, quando x_n é dado por

$$x_n = \sqrt{1 + \sqrt{1 + \sqrt{1 + \cdots + \sqrt{1}}}},$$

com exatamente n raízes quadradas.

Exercício 2.26

Sejam $k \in \mathbb{N}$ fixado e (x_n), dada por $x_n = \sqrt{k + \sqrt{k + \cdots + \sqrt{k}}}$, com exatamente n raízes quadradas.

(a) Mostre que (x_n) é convergente.

(b) Mostre que, quando k é ímpar, o limite da sequência é um número irracional.

(c) Encontre todos os valores naturais de k para os quais $\lim x_n$ seja um número inteiro.

Exercício 2.27

Mostre que a sequência

$$\left(\sqrt{2},\ \sqrt{2\sqrt{2}},\ \sqrt{2\sqrt{2\sqrt{2}}},\ \ldots,\ x_{n-1},\ \sqrt{2x_{x-1}},\ \ldots\right)$$

converge para 2.

Exercício 2.28

Mostre que toda sequência monótona que possui alguma subsequência convergindo para zero é também uma sequência que converge para zero.

Exercício 2.29

Mostre que a sequência (x_n), dada por

$$x_n = 1 + \frac{1}{2} + \frac{1}{3} + \cdots + \frac{1}{n} - \ln(n+1),$$

é convergente.

Exercício 2.30

Mostre que uma sequência de número reais (x_n) converge para l se, e somente se, toda subsequência de (x_n) também converge para l.

Exercício 2.31

Mostre que $\lim \sqrt[n]{\sqrt[n]{n}} = 1$.

Exercício 2.32

Sejam $k \in \mathbb{N}$ e (x_n) uma sequência convergente para l. Prove que $\lim x_n^k = l^k$.

Exercício 2.33

Faça um resumo sobre a constante de Euler.

Exercício 2.34

Sejam $(A1_n), (A2_n), \ldots, (Ak_n)$ k sequências convergentes, onde Ai_n representa o $n-$ésimo termo da $i-$ésima sequência. Mostre que

$$\lim \sum_{i=1}^{k} Ai_n = \sum_{i=1}^{k} \lim Ai_n \text{ e } \lim \prod_{i=1}^{k} Ai_n = \prod_{i=1}^{k} \lim Ai_n$$

Exercício 2.35

Qual é valor de $\lim \underbrace{\left(\frac{2}{n^2} + \frac{2}{n^2} + \cdots + \frac{2}{n^2}\right)}_{n \text{ parcelas}}$?

Exercício 2.36

Mostre que toda sequência de Cauchy é limitada.

Exercício 2.37

Qual é o valor de $\lim \underbrace{\left(\frac{2}{n} + \frac{2}{n} + \cdots + \frac{2}{n}\right)}_{n \text{ parcelas}}$?

Exercício 2.38

Sejam $a > 0$, (x_n) uma sequência limitada inferiormente e (y_n) uma sequência que diverge para $+\infty$. Mostre que: $\lim(a \cdot y_n) = \lim(x_n + y_n) = +\infty$.

Exercício 2.39

Qual é o valor de $\sqrt{20 + \sqrt{20 + \sqrt{20 + \cdots}}}$?

Exercício 2.40

Interprete rigorosamente a igualdade

$$0,999... = 1.$$

Exercício 2.41

Qual é o valor de

$$\prod_{n=2}^{+\infty}\left(1+\frac{(-1)^n}{F_n^2}\right),$$

em que F_n é o $n-$ésimo número de Finonacci?

Exercício 2.42

Interprete rigorosamente a igualdade

$$1+\cfrac{1}{1+\cfrac{1}{1+\cfrac{1}{1+\ddots}}}=\frac{1+\sqrt{5}}{2}.$$

Exercício 2.43

Considere a sequência (x_n) de números reais definida por

$$x_n=\left(1-\frac{1}{2}\right)\left(1-\frac{1}{2^2}\right)\cdots\left(1-\frac{1}{2^n}\right).$$

Prove que (x_n) é convergente.

Exercício 2.44

Seja (x_n) uma sequência de números reais tal que

$$|x_{n+2}-x_{n+1}|\leq c|x_{n+1}-x_n|,$$

para todo $n\in\mathbb{N}$ e $0<c<1$ é um número real fixado. Mostre que tal sequência é convergente e que, sendo a seu limite, temos

$$|x_n-a|\leq\frac{c^{n-1}}{1-c}\cdot|x_2-x_1|,\forall n\in\mathbb{N}.$$

Exercício 2.45

Para $a > 1$ e $k \in \mathbb{N}$, mostre que

$$\lim \frac{n^k}{a^n} = \lim \frac{a^n}{n!} = \lim \frac{n!}{n^n} = \lim \frac{1}{n!} = 0.$$

Exercício 2.46

Use os Exercícios 2.19 e 2.44 para mostrar que, fixado $a > 0$ e dada a sequência (x_n), com $x_1 = 1$ e, para $n \geq 1$,

$$x_{n+1} = \frac{1}{2}\left(x_n + \frac{a}{x_n}\right),$$

vale

$$|x_n - \sqrt{a}| \leq \frac{1}{2^{n-1}}|a - 1|.$$

Conclua que $\lim x_n = \sqrt{a}$.

3 Séries de Números Reais

> *O que sabemos é uma gota;*
> *o que ignoramos é um oceano.*
> *Mas o que seria o oceano se não infinitas gotas?*
>
> **Sir. Isaac Newton**

Nosso objetivo neste capítulo é definir séries de números reais e determinar algumas condições para que tais sequências (séries também são sequências) convirjam ou não para algum número real. Devemos ter em mente que aqui faremos uso das propriedades de limite de uma sequência sem, na maioria dos casos, fazer uma menção direta. Por isso, antes de começar a desenvolver a teoria apresentada neste capítulo faz-se necessário ter um bom domínio das técnicas apresentadas no capítulo anterior.

3.1 Definição e Linearidade

As séries[1] surgem em um contexto onde buscamos determinar qual seria o valor da soma "infinita" dos infinitos termos de uma sequência numérica (infinita como definida nesse material).

Definição 3.1.1. Séries Numéricas

Dada uma sequência (a_n) de números reais, a partir dela formaremos uma nova sequência (s_n), chamada de *série*, com

$$s_1 = a_1,\ s_2 = a_1 + a_2,\ \ldots, s_n = \sum_{i=1}^{n} a_i, \text{ etc.}$$

Os números s_n são chamados de reduzidas da série e a_n é o $n-$ésimo termo ou termo geral da série.

Se existir o limite $\lim s_n$, diremos que (s_n) é convergente e se o limite não existir, diremos que (s_n) é divergente. Escrevemos

$$s = \lim_{n\to+\infty} \sum_{i=1}^{n} a_i = \sum a_n = \lim_{n\to+\infty} s_n = \lim s_n.$$

É um exemplo clássico tratar da soma dos infinitos termos de uma progressão geométrica cuja razão é um número positivo menor do que uma unidade. Esse exemplo será visto em seguida.

Exemplo 3.1.2 Quando $|a| < 1$, a série geométrica $s = 1 + a + a^2 + \ldots$ é convergente, com soma igual a $\dfrac{1}{1-a}$.

Solução. Pela fórmula da soma de uma PG, temos

$$s_n = 1 + a + a^2 + \cdots + a^{n-1} = \frac{1-a^n}{1-a} = \frac{1}{1-a} - \frac{a^n}{1-a}.$$

[1]por vezes, também são chamadas de *séries infinitas*

Como $|a| < 1$, temos $\lim a^n = 0$. Assim

$$s = \lim s_n = \lim \left(\frac{1}{1-a} - \underbrace{\frac{a^n}{1-a}}_{=0} \right) = \frac{1}{1-a}.$$

◇

O método utilizado no Exemplo 3.1.2 pode ser utilizando para determinar em casos em que conseguimos simplificar o termo s_n e, consequentemente, calcular $\lim s_n$. Por outro lado, esses casos são mais escassos. Por isso, precisamos de outras possibilidade e uma delas é utilizar as combinações de séries convergente para determinar a convergência de uma nova série. Tal possibilidade é apresentada no teorema a seguir.

Teorema 3.1.3. Linearidade das Séries Convergentes

Sejam $a, b \in \mathbb{R}$ e $\sum x_n$ e $\sum y_n$ séries convergentes, temos que as combinações lineares $\sum(ax_n + by_n)$ convergem para $a\sum x_n + b\sum y_n$.

Demonstração.

Temos aqui uma consequência imediata das propriedades de limite de uma sequência convergente. Com efeito, sabendo que $\sum x_n$ e $\sum y_n$ convergem, temos que existem $j, p \in \mathbb{R}$, tais que $\sum x_n = \lim \sum_{i=1}^n x_i = j$ e $\sum y_n - \lim \sum_{i=1}^n y_i = p$ assim

$$\begin{aligned} \sum(ax_n + by_n) &= \lim \sum_{i=1}^{n}(ax_i + by_i) \\ &= a \lim \sum_{i=1}^{n} x_i + b \lim \sum_{i=1}^{n} y_i \\ &= a \sum x_n + b \sum y_n. \end{aligned}$$

■

Devemos observar que o teorema não trata das combinações lineares de séries não convergentes ou sobre as combinações entre séries convergente com séries divergentes. Assim, antes de utilizarmos tal resultado devemos verificar se as séries que queremos utilizar são convergentes.

Exemplo 3.1.4 Supondo que a série $\sum \frac{n}{2^n}$ é convergente, determine seu valor de convergência.

Solução. Inicialmente, devemos observar que

$$\sum_{n=1}^{+\infty} \frac{1}{2^n} = \frac{1}{2}\frac{1}{1-\frac{1}{2}} = 1,$$

pois trata-se de uma progressão geométrica cujo primeiro termo é $s_1 = 1/2$ e cuja razão é $r = 1/2$.

Além disso, como estamos supondo que $\sum \frac{n}{2^n}$ converge, existe um $s \in \mathbb{R}$ tal que $\sum_{n=1}^{+\infty} \frac{n}{2^n} = s$. Assim,

$$\begin{aligned} s &= \sum_{n=1}^{+\infty} \frac{n}{2^n} \\ &= \sum_{n=1}^{+\infty} \frac{1+(n-1)}{2^n} \\ &= \sum_{n=1}^{+\infty} \frac{1}{2^n} + \sum_{n=1}^{+\infty} \frac{n-1}{2^n} \\ &= 1 + \frac{1}{2}\sum_{n=2}^{+\infty} \frac{n-1}{2^{n-1}} \\ &= 1 + \frac{1}{2}\sum_{n=1}^{+\infty} \frac{n}{2^n} \\ &= 1 + \frac{s}{2}. \end{aligned}$$

Restando que, $s = 2$ é o valor procurado. Observe que a igualdade

$$\sum_{n=1}^{+\infty} \frac{1+(n-1)}{2^n} = \sum_{n=1}^{+\infty} \frac{1}{2^n} + \sum_{n=1}^{+\infty} \frac{n-1}{2^n}$$

é válida, pois as séries $\sum \frac{1}{2^n}$ e $\sum \frac{n-1}{2^n}$ são convergentes (pelo menos em hipótese por enquanto). ◇

Com a teoria que foi apresentada até aqui, ainda não podemos garantir, de maneira direta, que a série $\sum_{n=1}^{+\infty} \frac{n}{2^n}$ é realmente convergente. Por outro lado, quando o Teorema 3.3.11 for enunciado, poderemos provar que essa série é de fato convergente. A garantia buscada é apresentada no Exemplo 3.3.12.

Quanto à convergência de $\sum_{n=1}^{+\infty} \frac{n-1}{2^n}$, basta observar que

$$\begin{aligned} t_n &= \sum_{k=1}^{n} \frac{k-1}{2^k} \\ &= \sum_{k=1}^{n} \frac{1}{2} \frac{k-1}{2^{k-1}} \\ &= \frac{1}{2} \sum_{k=1}^{n-1} \frac{k}{2^k} \\ &= \frac{1}{2} \cdot s_{n-1}. \end{aligned}$$

Pois, a convergência de (s_n) garante a convergência de (s_{n-1}) e, consequentemente, a convergência de $(t_n) = \left(\frac{1}{2} \cdot s_{n-1}\right)$.

3.2 Séries especiais

> *Mesmo que os triângulos jamais tenham existido fora da mente do mediador, eles ainda têm uma essência determinada que é independente dela.*
>
> **René Descartes**

Uma sequência interessante surge a partir dos números triangulares que são aqueles que podem ser representados na forma de um triângulo. Veja a seguir os cinco primeiros números triangulares.

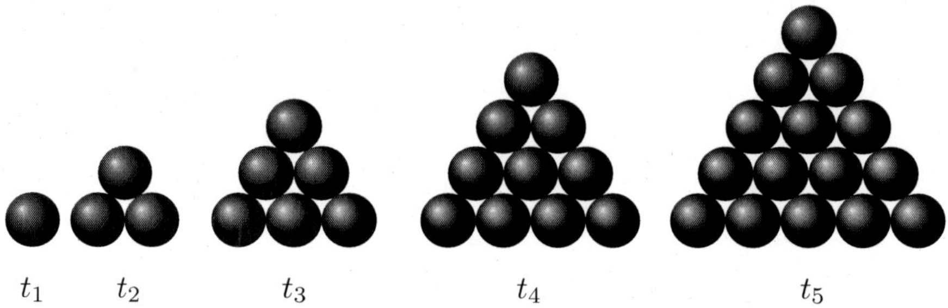

Podemos observar que uma sequência desse tipo pode ser representada pela recorrência

$$t_{n+1} = t_n + n, \; \forall n \geq 2,$$

com $t_1 = 1$. Além disso, observando que o número de bolas necessárias é dado por

$$\begin{aligned} t_1 &= 1, \\ t_2 &= 1+2, \\ t_3 &= 1+2+3, \\ &\vdots \\ t_n &= 1+2+3+\cdots+n, \end{aligned}$$

podemos chegar à igualdade

$$t_n = \frac{n(n+1)}{2}.$$

É fácil perceber que (t_n) é ilimitada e, portanto, (s_n), dada por $s_n = \sum_{k=1}^{n} t_n$, também o é. Consequentemente, a série $\sum t_n$ é divergente. Por outro lado, veremos que $\sum \dfrac{1}{t_n}$ converge para 2 no Exemplo 3.2.1 a seguir.

Exemplo 3.2.1 A série dos inversos dos números triangulares, $\sum \frac{1}{t_n} = \sum \frac{2}{n(n+1)}$, cujo termo geral é

$$t_n = \frac{2}{n(n+1)} = \frac{2}{n} - \frac{2}{n+1},$$

tem soma parcial

$$\begin{aligned} s_n &= t_1 + t_2 + a_3 + \cdots + t_n \\ &= \left(2 - \frac{2}{2}\right) + \left(\frac{2}{2} - \frac{2}{3}\right) + \left(\frac{2}{3} - \frac{2}{4}\right) + \cdots + \left(\frac{2}{n} - \frac{2}{n+1}\right) \\ &= 2 - \frac{2}{n+1}. \end{aligned}$$

Logo,

$$\sum t_n = \lim s_n = \lim\left(2 - \frac{2}{n+1}\right) = \lim 2 - \underbrace{\lim \frac{2}{n+1}}_{=0} = 2.$$

Se $a_n \geq 0$ para todo $n \in \mathbb{N}$, temos que (s_n) forma uma sequência não decrescente. Portanto, $\sum a_n$ converge se, e somente se, existir um $k \in \mathbb{R}_+$ com $\sum a_n \leq k$[2]. Por isso, usaremos a notação

$$\sum a_n < +\infty$$

para dizer que a série (s_n) de termo geral $a_n \geq 0$ converge.

No Exemplo 3.2.2, retornamos à discussão sobre a divergência da série harmônica, mas dessa vez trataremos o resultado em termos de séries numéricas. A demonstração apresentada a seguir é uma mera adaptação da que foi proposta pelo professor Elon em [5].

Exemplo 3.2.2. A série harmônica $\sum \frac{1}{n}$ é divergente.

Solução. De fato, se $s = \sum \frac{1}{n}$ convergisse, teríamos então que $\sum \frac{1}{2n} = t$ e $\sum \frac{1}{2n-1} = u$, também seriam convergentes. Além disso, pondo $s_n = \sum_{i=1}^{n} \frac{1}{n}, t_n = \sum_{i=1}^{n} \frac{1}{2n}$ e $u_n = \sum_{i=1}^{n} \frac{1}{2n-1}$, teríamos que

$$s_{2n} = t_n + s_n \Rightarrow s = t + u.$$

Com isso, $t = \sum \frac{1}{2n} = \frac{1}{2}\sum \frac{1}{n} = \frac{1}{2}s$ e $u = s - t = s - \frac{1}{2}s = \frac{1}{2}s = t$.

[2] (s_n) será monótona limitada.

Por outro lado,

$$\begin{aligned}
0 &= \frac{1}{2}s - \frac{1}{2}s \\
&= u - t \\
&= \lim_{n\to+\infty} u_n - \lim_{n\to+\infty} t_n \\
&= \lim_{n\to+\infty} (u_n - t_n) \\
&= \lim_{n\to+\infty} \left(1 - \frac{1}{2}\right) + \left(\frac{1}{3} - \frac{1}{4}\right) + \cdots + \left(\frac{1}{2n-1} - \frac{1}{2n}\right) \\
&= \lim_{n\to+\infty} \left(\frac{1}{1\cdot 2} + \frac{1}{3\cdot 4} + \cdots + \frac{1}{(2n-1)\cdot 2n}\right) \\
&> \frac{1}{2} \\
&> 0.
\end{aligned}$$

Uma contradição. Restando que a série $\sum \frac{1}{n}$ é divergente.

◇

3.3 Propriedades para séries

A convergência, ou não, de algumas séries são dadas quase que de forma imediata a partir de algumas propriedades/critérios que serão apresentadas na sequência.

Teorema 3.3.1. Critério de Comparação

Sejam $\sum a_n$ e $\sum b_n$ séries de termos não negativos. Se existir $c > 0$ e $n_0 \in \mathbb{N}$ tais que $a_n \leq c \cdot b_n$ para todo $n > n_0$, então a convergência de $\sum b_n$ implica a de $\sum a_n$ enquanto que a divergência de $\sum a_n$ implica a de $\sum b_n$.

Demonstração.

Podemos supor, sem perda de generalidade, que $a_n \leq c \cdot b_n$ para todo $n \in \mathbb{N}$. Logo, as reduzidas $s_n = \sum_{i=1}^{n} a_i$ e $t_n = \sum_{i=1}^{n} b_i$, formam sequências monótonas não decrescentes e a convergência de $\sum b_n$ (limitada) implica que $\sum a_n$ é limitada e, pelo Teorema de Bolzano, é convergente. Se $\sum a_n$ ilimitada (não convergente) implica que

$$b_n \geq \frac{a_n}{c} \Rightarrow \sum_{i=1}^{n} b_n \geq \sum_{i=1}^{n} \frac{a_n}{c} \Rightarrow t_n \geq \frac{s_n}{c}$$

é ilimitada e, consequentemente, não convergente.

■

Esse critério é muito importante quando temos a convergência de algumas séries que limitam outras sérias que desejamos determinar sua convergência. Ainda, temos nesse teorema um critério de divergência para algumas séries ilimitadas[3].

Exemplo 3.3.2 Se $r \geq 2$, a série $\sum \frac{1}{n^r}$ converge.

Solução. Primeiramente, devemos observar que se $n \in \mathbb{N}$, vale

$$\begin{aligned} n \geq 1 \quad &\Rightarrow \quad n^2 \geq n \\ &\Rightarrow \quad 2n^2 \geq n^2 + n = n(n+1) \\ &\Rightarrow \quad \frac{1}{n^2} \leq \frac{2}{n(n+1)}. \end{aligned}$$

Assim, pelo Critério de Comparação, temos que a série $\sum \frac{1}{n^2}$ é convergente, pois sabemos que a série dos inversos dos números triangulares converge.
Sabendo que $\sum \frac{1}{n^2}$ é convergente e que, se $r \geq 2$, vale $n^r \geq n^2$ e,

[3]É mais fácil mostrar que uma série é ilimitada comparando com outra que já sabemos ser ilimitada.

consequentemente,

$$\frac{1}{n^r} \leq \frac{1}{n^2}.$$

Novamente, pelo Critério de Comparação, temos que a série

$$\sum \frac{1}{n^r}$$

converge sempre que $r \geq 2$.

◇

Na sequência, temos um exemplo envolvendo uma série ilimitada (divergente), porém tal fato não é tão imediato. De posse do Critério de Comparação e pelo fato de que

$$s_n = \sum_{k=1}^{n} \frac{1}{\sqrt{n}}$$

formar uma sequência monótona crescente, temos garantido o fato desejado. Pois, se a mesma fosse limitada, seria convergente e isso contradiz o resultado encontrado no Exemplo 3.3.3.

Exemplo 3.3.3 A série $\sum \frac{1}{\sqrt{n}}$ é divergente.

De fato, seja $n \in \mathbb{N}$, temos que $\sqrt{n} < n$ implica

$$\frac{1}{\sqrt{n}} > \frac{1}{n}.$$

Como a série $\sum \frac{1}{n}$ é divergente, pelo Critério da Comparação, nos resta que a série $\sum \frac{1}{\sqrt{n}}$ diverge.

A seguir, temos um importante teste de divergência de uma série.

Teorema 3.3.4

O termo geral de uma série convergente tem limite igual a zero.

Demonstração.

Se $s = \lim s_n$ e $s_n = \sum_{k=1}^{n} a_k$, então

$$\begin{aligned} 0 &= \lim s_n - \lim s_{n-1} \\ &= \lim(s_n - s_{n-1}) \\ &= \lim\left(\sum_{i=1}^{n} a_n - \sum_{i=1}^{n-1} a_n\right) \\ &= \lim\left[\left(a_n + \sum_{i=1}^{n-1} a_n\right) - \sum_{i=1}^{n-1} a_n\right] \\ &= \lim\left[a_n + \underbrace{\left(\sum_{i=1}^{n-1} a_n - \sum_{i=1}^{n-1} a_n\right)}_{=0}\right] \\ &= \lim a_n. \end{aligned}$$

Portanto, $\lim a_n = 0$. ■

Definição 3.3.5

Uma série $\sum a_n$ diz-se absolutamente convergente quando $\sum |a_n|$ converge.

Teorema 3.3.6

Toda série absolutamente convergente é convergente.

Demonstração.

Seja $\sum a_n$ uma série absolutamente convergente, ou seja, $\sum |a_n|$ converge. Por outro lado, temos

$$-|a_n| \leq a_n \leq |a_n| \Leftrightarrow 0 \leq a_n + |a_n| \leq 2|a_n|$$

Assim $\sum(a_n + |a_n|)$ e $\sum |a_n|$ são séries de termos não negativos, pelo Critério de Comparação, temos que $\sum(a_n + |a_n|)$ converge.

Pela linearidade das séries convergentes, temos que

$$\sum a_n = \sum [\underbrace{(a_n + |a_n|)}_{\text{converge}} - \underbrace{|a_n|}_{\text{converge}}] = \sum (a_n + |a_n|) - \sum |a_n|$$

que, por sua vez, converge por ser a diferença de duas séries convergentes. Garantindo assim que se uma série for absolutamente convergente essa também será necessariamente convergente (sem considerar os valores absolutos dos termos).

■

Exemplo 3.3.7 Chamamos de série alternada a qualquer série do tipo $\sum(-1)^{n+1}x_n$. Pois, essa terá os mesmos valores absolutos para seus termos com relação aos termos da série $\sum x_n$, sendo que há uma alternância nos sinais de termos consecutivos. Pelo Teorema 3.3.6, temos que a série alternada $\sum(-1)^{n+1}x_n$ será convergente sempre que $\sum x_n$ também o for. Com isso e pelo fato de sabermos que a série $\sum \frac{1}{n^2}$ ser convergente, temos que $\sum \frac{(-1)^{n+1}}{n^2}$ é uma série absolutamente convergente e, em particular, é convergente.

O Exemplo 3.3.7 trata sobre a convergência de séries alternadas de séries convergentes e talvez isso faça surgir o questionamento sobre se o mesmo acontece ou não com as séries alternadas de séries divergentes. O Teorema 3.3.9 a seguir vai nessa direção e será útil na hora de testar a convergência desse último tipo de série.

Definição 3.3.8

Uma série $\sum a_n$ diz-se condicionalmente convergente quando converge, mas a série $\sum |a_n|$ é divergente.

O Teorema 3.3.9 é muito útil para determinar a convergência de algumas séries que são condicionalmente convergentes. Esse teorema também é conhecido como o teste da série alternada.

Teorema 3.3.9. Critério de Leibniz

Seja (a_n) uma sequência de números reais não negativos, decrescente que tende a zero, então $\sum(-1)^{n+1}a_n$ é uma série convergente.

Demonstração.

Seja $s_n = a_1 - a_2 + a_3 - \cdots + (-1)^{n+1}a_n$, então os termos de índices pares podem ser representados por $s_{2n} = s_{2n-2} + a_{2n-1} - a_{2n}$ e os de índices ímpares, por $s_{2n+1} = s_{2n-1} + a_{2n} - a_{2n+1}$. Como (a_n) é decrescente, temos

$$\begin{cases} a_{2n-1} > a_{2n} \\ a_{2n+1} < a_{2n} \end{cases} \Rightarrow \begin{cases} a_{2n-1} - a_{2n} > 0 \\ a_{2n+1} - a_{2n} < 0. \end{cases}$$

Assim

$$\begin{cases} s_{2n} = s_{2(n-1)} + (a_{2n-1} - a_{2n}) > s_{2(n-1)} \\ s_{2n+1} = s_{2n-1} + (a_{2n} - a_{2n+1}) < s_{2n-1}. \end{cases}$$

Ou seja, a subsequência de ordem par é crescente e a subsequência de ordem ímpar é decrescente (em qualquer caso, sao monótonas). Além disso,

$$s_{2n} = s_{2n-1} - a_{2n} \Rightarrow s_{2n-1} - s_{2n} = a_{2n} > 0 \Rightarrow s_{2n-1} > s_{2n}.$$

De sorte que,

$$\begin{array}{ccc} s_1 & > & s_2 \\ s_3 & > & s_4 \\ s_5 & > & s_6 \\ & \vdots & \\ s_{2n-1} & > & s_{2n} \end{array}$$

e, pela monotocidade das subsequências, temos

$$s_2 < s_4 < s_6 < \cdots < s_{2n} < \cdots < s_{2n-1} < \cdots < s_5 < s_3 < s_1.$$

Logo (s_{2n}) e (s_{2n+1}) são sequências monótonas e limitadas consequentemente, pelo Teorema de Bolzano, são convergentes. Como

$$\begin{aligned} s_{2n-1} - s_{2n} = a_{2n} \quad &\Rightarrow \quad \lim(s_{2n-1} - s_{2n}) = \underbrace{\lim a_{2n}}_{=0 \text{ por hipótese}} \\ &\Rightarrow \quad \lim s_{2n-1} - \lim s_{2n} = 0 \end{aligned}$$

assim $\lim s_{2n-1} = \lim s_{2n}$, garantindo a convergência da série (s_n).

■

Exemplo 3.3.10 Pelo Critério de Leibniz, a série

$$\sum \frac{(-1)^{n+1}}{n} = \sum (-1)^{n+1} \cdot \frac{1}{n}$$

converge, mesmo que a série $\sum \frac{1}{n}$ divirja. Com efeito, $a_n = \frac{1}{n}$ são os termos de uma sequência positiva, decrescente e que tende a zero.

Teorema 3.3.11. Critério de d'Alembert

Seja (a_n) uma sequência de números reais tal que

$$\lim \frac{|a_{n+1}|}{|a_n|} = l.$$

Se $l < 1$, a série $\sum a_n$ converge absolutamente; se $l > 1$, $\sum a_n$ diverge.

Demonstração.

Provaremos que se $l < 1$ a série converge (a prova para $l > 1$ é análoga). Sendo $l < 1$ podemos tomar $l < q < 1$. Temos que existe um $n_0 \in \mathbb{N}$, tal que para $n > n_0$ teremos

$$\frac{|a_{n+1}|}{|a_n|} \leq q.$$

De modo que,

$$|a_n| = |a_{n_0}| \prod_{i=n_0}^{n-1} \frac{|a_{i+1}|}{|a_i|} \leq |a_{n_0}| \prod_{i=n_0}^{n-1} q = |a_{n_0}| \cdot q^{n-n_0}.$$

Logo,

$$\sum a_n \leq |a_{n_0}| \cdot \sum q^{n-n_0}.$$

Ora, $|a_{n_0}| > 0$ e $\sum q^{n-n_0}$ converge por ser a soma de uma PG de razão $q < 1$, pelo Critério de Comparação, temos que $\sum |a_n|$ converge. Portanto, $\sum a_n$ é absolutamente convergente.

■

Retornamos à série do Exemplo 3.1.4.

Exemplo 3.3.12 A série $\displaystyle\sum_{n=1}^{+\infty} \frac{n}{2^n}$ é convergente.

Solução. Com efeito, pondo $s_n = \dfrac{n}{2^n}$, temos que

$$\frac{s_{n+1}}{s_n} = \frac{\dfrac{n+1}{2^{n+1}}}{\dfrac{n}{2^n}} = \frac{n+1}{2n} \longrightarrow \frac{1}{2} < 1.$$

Pelo Critério de D'Alembert, temos que a série $\displaystyle\sum_{n=1}^{+\infty} \frac{n}{2^n}$ é convergente.

O mesmo vale para a série $\displaystyle\sum_{n=1}^{+\infty} \frac{n-1}{2^n}$. ◇

Exemplo 3.3.13 Dados $x, a \in \mathbb{R}$, com $a > 1$, e $k \in \mathbb{N}$. As séries $\displaystyle\sum \frac{x^n}{n!}, \sum \frac{n!}{n^n}$ e $\displaystyle\sum \frac{n^k}{a^n}$ são convergentes. Esse fato pode ser constatado utilizando o Critério de D'Alembert (tente!).

Mesmo que a ideia do exemplo (exercício) proposto seja utilizar o Critério de D'Alembert, é interessante perceber a convergência de $\displaystyle\sum \frac{n!}{n^n}$ fazendo uso do Teorema 3.3.1.

Vejamos, como $\frac{i}{n} \leq 1$ para todos $n \geq 3$ e $3 \leq i \leq n$, temos

$$\frac{n!}{n^n} = \frac{1}{n} \cdot \frac{2}{n} \cdot \frac{3}{n} \cdot \ldots \cdot \frac{n}{n} \leq \frac{1}{n} \cdot \frac{2}{n} \leq 2\frac{1}{n^2}.$$

Sendo que $2 > 0$ e $\sum \frac{1}{n^2}$ é uma série convergente. Pelo Teorema 3.3.1, nos resta que $\sum \frac{n!}{n^n}$ converge.

Teorema 3.3.14. Critério de Cauchy ou Teste da Raiz

Seja (a_n) uma sequência de números reais tal que $\lim \sqrt[n]{|a_n|} = l$. Se $l < 1$, a série $\sum a_n$ converge absolutamente; se $l > 1$, a série $\sum a_n$ diverge.

Demonstração.

Se $l < 1$, temos que $\lim \sqrt[n]{|a_n|} < 1$.
Assim, existem $n_0 \in \mathbb{N}$ e $c \in \mathbb{R}$ tais que $n > n_0$ implica $0 < \sqrt[n]{|a_n|} < c < 1$, ou seja, $|a_n| \leq c^n$ (uma PG de razão $0 < c < 1$). Pelo Critério de Comparação, temos que a série $\sum |a_n|$ converge, uma vez que $\sum c^n$ converge. Por outro lado, supondo que $\lim \sqrt[n]{|a_n|} > 1$, teremos que existe um $n_1 \in \mathbb{N}$ tal que para $n > n_1$, implica em $\sqrt[n]{|a_n|} > 1$. Ou seja, para $n > n_1$, temos $|a_n| > 1$ e, com isso, $\lim |a_n| \geq 1 > 0$. Em particular, acarreta no fato de que $\lim a_n \neq 0$, que garante a não convergência da série. Pois, se $\sum |a_n|$ (ou $\sum a_n$) fosse convergente, teríamos necessariamente $\lim a_n = 0$.

■

Poderíamos utilizar o teste da raiz para determinar a convergência da série $\sum \dfrac{n}{2^n}$, porém isso não seria nada novo, pois conhecemos o Teorema 2.5.1, que nos diz que

$$\lim \sqrt[n]{x_n} = \lim \frac{x_{n+1}}{x_n} = \frac{1}{2} < 1.$$

Garantindo a convergência da série citada.

É importante reforçar o que foi apresentado no Teorema 2.5.1. Lá temos que se $\lim |x_{n+1}|/|x_n|$ existir, esse será igual a $\lim \sqrt[n]{x_n}$. Ou seja, se, ao testarmos a convergência de uma série, começarmos pelo Critério de D'Alembert e esse nos dê um resultado indeterminado (quando

$\lim |x_{n+1}|/|x_n| = 1$) não adiantará fazer uso do Critério de Cauchy, pois esse retornará a mesma indeterminação (que é $\lim \sqrt[n]{x_n} = 1$).

Exemplo 3.3.15 A série $\sum a_n = \sum \left(\frac{\ln(n)}{n}\right)^n$ é absolutamente convergente. Com efeito,

$$\lim \sqrt[n]{|a_n|} = \lim \sqrt[n]{\left(\frac{\ln(n)}{n}\right)^n} = \lim \frac{\ln(n)}{n} = 0 < 1$$

e isso, pelo Critério de Cauchy, garante que a série é absolutamente convergente.

Ainda é possível utilizar as propriedades das sequências de Cauchy para enunciar um outro teste de convergência para as séries numéricas. Vejamos

Teorema 3.3.16 Uma série numérica $\sum x_n$ converge se, e somente se, para todo $\varepsilon > 0$ existir $n_0 \in \mathbb{N}$, tal que, se $n \geq m \geq n_n$, vale

$$|x_{m+1} + x_{m+2} + \cdots + a_n| < \varepsilon.$$

A demonstração desse teorema é imediata se soubermos que uma sequência de números reais é convergente se, e somente se, for uma sequência de Cauchy. Pois, pondo (s_n) como sendo a sequência das reduzidas de $\sum x_n$, temos

$$|x_{m+1} + x_{m+2} + \cdots + a_n| = |s_n - s_m|$$

e o resultado segue-se disso.

Encerramos o capítulo com uma aplicação bem simples e interessante que relaciona algumas propriedades básicas de séries para mostrar a impossibilidade de existência de duas séries convergentes que estejam correlacionadas por uma propriedade específica.

Exemplo 3.3.17 Existe uma sequência (a_n) de números positivos tal que ambas as séries $\sum a_n$ e $\sum \frac{1}{4n^2 a_n}$ convirjam?

Solução. Supondo que $\sum a_n$ e $\sum \frac{1}{4n^2 a_n}$ convirjam, teremos que

$$\sum a_n + \sum \frac{1}{4n^2 a_n} = \sum b_n$$

converge, mas por outro lado

$$\begin{aligned}
\sum b_n &= \sum a_n + \sum \frac{1}{4n^2 a_n} \\
&= \sum \left(a_n + \frac{1}{4n^2 a_n} \right) \\
&\geq \sum 2\sqrt{a_n \cdot \frac{1}{4n^2 a_n}} \\
&\geq \sum 2\sqrt{\frac{1}{4n^2}} \\
&\geq \sum 2\frac{1}{2n} \\
&\geq \sum \frac{1}{n} \longrightarrow +\infty \text{ (diverge.)}
\end{aligned}$$

Logo, $\sum a_n + \sum \frac{1}{4n^2 a_n} = \sum b_n$ também diverge e, portanto, $\sum a_n$ ou $\sum \dfrac{1}{4n^2 a_n}$ deve divergir.

◇

3.4 Exercícios

Exercício 3.1

Pondo $s_n = \sum_{i=1}^{n} \frac{1}{i}$, mostre que

$$s_{2^n} \geq 1 + \frac{n}{2}$$

e conclua que $\sum \frac{1}{n}$ diverge.

Exercício 3.2

Mostre que a série harmônica é divergente de uma maneira diferente das apresentadas até aqui.

Exercício 3.3

Utilize o Exercício 3.1 para mostrar que a série

$$\sum \frac{1}{\sqrt{n} + \sqrt{n-1}}$$

é divergente.

Exercício 3.4

Justifique a convergência ou divergência da série

$$\sum_{n=1}^{+\infty} (\sqrt{n+1} - \sqrt{n}).$$

Exercício 3.5

Use o fato de que

$$\sum_{n=1}^{+\infty} \frac{1}{n(n+1)} = 1$$

para mostrar que $\sum \frac{1}{n^2}$ converge e, com isso, mostre que $\sum \frac{n!}{n^n}$ e $\sum \frac{1}{n^r}$, com $r > 2$, também convergem.

Exercício 3.6

Mostre que

$$\frac{1}{3}+\frac{1}{15}+\frac{1}{35}+\cdot+\frac{1}{4n^2-1}=\frac{n}{2n+1}.$$

Em seguida, determine se a série

$$\sum \frac{1}{4n^2-1}$$

converge ou diverge.

Exercício 3.7

Mostre que

$$\sum_{n=1}^{+\infty} \frac{1}{(a+n)(a+n+1)}=\frac{1}{a+1}.$$

Exercício 3.8

Determine o valor de

$$\frac{6}{5}+\frac{18}{25}+\frac{54}{125}+\cdots+\frac{2\cdot 3^n}{5^n}+\cdots.$$

Exercício 3.9

Mostre que

$$\sum_{n=0}^{+\infty} \frac{1}{(n+1)(n+2)}=1.$$

Exercício 3.10

Encontre o valor de cada série a seguir.

(a) $\displaystyle\sum_{n=1}^{+\infty} \left(\frac{3}{4}\right)^n$.

(b) $\displaystyle\sum_{n=1}^{+\infty} 2\left(-\frac{1}{4}\right)^n$.

(c) $\displaystyle\sum_{n=1}^{+\infty} \frac{1}{n^2+3n+2}$.

(d) $\displaystyle\sum_{n=1}^{+\infty} \frac{2}{n^2+2n}$.

(e) $\displaystyle\sum_{n=1}^{+\infty} \frac{1}{n(n+1)(n+2)}$.

(f) $\displaystyle\sum_{n=1}^{+\infty} \frac{2^{n+1}}{n^n}$.

(g) $\displaystyle\sum_{n=1}^{+\infty} \frac{n^2}{2^n}$.

Exercício 3.11

Seja $f : \mathbb{N} \to \mathbb{R}$, com $f(1) = a$ e $\lim f(n) = b$. Sabendo que a sequência (a_n) tem o $n-$ésimo termo dado por

$$a_n = f(n) - f(n+1),$$

mostre que

$$\sum_{n=1}^{+\infty} a_n = a - b.$$

Exercício 3.12

Mostre que se $\displaystyle\sum_{n-1}^{+\infty} |a_n|$ converge e (b_n) é uma sequência limitada, então $\displaystyle\sum_{n=1}^{+\infty} a_n b_n$ converge.

Exercício 3.13

Mostre que

$$\frac{1}{4n^2-1} = \frac{1}{2}\left(\frac{1}{2n-1} - \frac{1}{2n+1}\right), \forall n \in \mathbb{N}$$

e conclua que

$$\sum_{n=1}^{+\infty} \frac{1}{4n^2-1} = \frac{1}{2}.$$

Exercício 3.14

Use o teste da comparação para mostrar que a série

$$\sum_{n=2}^{+\infty} \frac{1}{n-\sqrt{3}}$$

diverge.

Exercício 3.15

Mostre que $\sum \frac{1}{n!}$ é convergente.

Exercício 3.16

Verifique se a série a seguir é convergente ou não.

$$\frac{1}{2} + \frac{1}{3^2} + \frac{1}{2^3} + \frac{1}{3^4} + \frac{1}{2^5} + \frac{1}{3^6} + \cdots$$

Exercício 3.17

Utilizando o teste de razão, verifique se a série $\sum \frac{n!}{n^n}$ converge ou não.

Exercício 3.18

Mostre que

$$\sum_{n=1}^{+\infty} \frac{1}{n^2} \leq 1 + \frac{2}{2^2} + \frac{4}{4^2} + \frac{8}{8^2} + \cdots$$

Conclua que a série $\sum \frac{1}{n^2}$ é convergente.

Exercício 3.19

Seja (x_n) uma sequência de termos positivos tal que $\sum x_n$ converge. Mostre que $\sum \sqrt{x_n x_{n+1}}$ também converge.

Exercício 3.20

Verifique a convergência da série

$$\sum_{n=1}^{+\infty} \frac{n}{2n+3}.$$

Exercício 3.21

Seja (a_n) uma sequência de termos não negativos, tal que $\sum a_n$ converge. Mostre que $\sum a_n^2$ é convergente.

Exercício 3.22

Seja (x_n) uma sequência de números reais e seja

$$y_n = x_n - x_{n+1}$$

para todo $n \in \mathbb{N}$. Faça o que se pede

(a) Mostre que a série $\sum_{n=1}^{+\infty} y_n$ converge se, e somente se, a sequência (x_n) converge.

(b) Determine o valor de $\sum_{n=1}^{+\infty} y_n$ quando (x_n) converge.

Exercício 3.23

Sendo $a_n \geq 0$ e $b_n \geq 0$, prove que, se as séries $\sum a_n^2$ e $\sum b_n^2$ são convergentes, então a série $\sum a_n b_n$ também é convergente.

Exercício 3.24

Seja (a_n) uma sequência de termos não negativos, tal que $\sum a_n$ converge. Mostre que $\sum \frac{\sqrt{a_n}}{n}$ é convergente.

Exercício 3.25

Prove que, se $a_n \geq 0$ e $\sum a_n$ converge, então

$$\sum \frac{a_n}{n} \text{ e } \sum \frac{a_n^2}{1+a_n^2}$$

são convergentes.

Exercício 3.26

Sabendo que $\sum_{n=1}^{+\infty} \frac{1}{n^2}$ converge, utilize o Exercício 3.25 para provar que a série

$$\sum_{n=1}^{+\infty} \frac{1}{1+n^4}$$

é convergente.

Exercício 3.27

Verifique se as séries são convergentes.

(a) $\sum_{n=1}^{+\infty} n^b a^n$, $0 < a < 1$ e $b \in \mathbb{N}$.

(b) $\sum_{n=1}^{+\infty} \frac{\sqrt{n}}{2^n}$.

(c) $\sum_{n=1}^{+\infty} \frac{a^n}{2^{n^2}}$, $a > 0$.

(d) $\sum_{n=1}^{+\infty} \frac{\log(n)}{n}$.

(e) $\sum_{n=1}^{+\infty} \left(\frac{1}{n} - \frac{1}{2^n}\right)$.

(f) $\sum_{n=1}^{+\infty} \frac{n^2+2^n}{2^n n^2}$.

Exercício 3.28

Verifique se a série

$$\sum_{n=1}^{+\infty} \frac{2-\operatorname{sen}^2(3n)}{2^n+n^2+1}$$

é convergente.

Exercício 3.29

Sendo a sequência (a_n) uma progressão aritmética, dê uma condição necessária e suficiente para que $\sum a_n$ convirja?

Exercício 3.30

Verifique a convergência da série

$$\sum_{n=1}^{+\infty} \frac{1}{n\sqrt[n]{n}}.$$

Exercício 3.31

Pode existir uma sequência (a_n), tal que $\sum \frac{1}{a_n}$ e $\sum \frac{a_n}{n}$ convergem?

Exercício 3.32. Critério de Cauchy para Séries

Mostre que uma série $\sum a_n$ converge se, e somente se, para todo $\varepsilon > 0$ existe um $n_0 \in \mathbb{N}$ tal que para $n, m \geq n_0$ vale

$$|a_m + a_{m+1} + \cdots + a_n| < \varepsilon.$$

Exercício 3.33

Sejam $a_n \geq 0$ e $b_n \geq 0$ para todo $n \in \mathbb{N}$, tais que $\sum a_n$ e $\sum b_n$ convergem. Mostre que, $\sum (a_n \cdot b_n)$ converge. Para isso, faça o seguinte

(a) mostre que $\lim a_n = 0$.

(b) mostre que $\sum a_n^2$ converge.

(c) mostre $a_n^2 + b_n^2 \geq 2a_n b_n$, para todo $n \in \mathbb{N}$.

(d) conclua utilizando a linearidade das séries convergentes.

Exercício 3.34

Pesquise sobre o teste da integral para séries de números reais.

Exercício 3.35

Pondo $h_n = 1 + \frac{1}{2} + \frac{1}{3} + \cdots + \frac{1}{n}$ e sabendo que

$$\left(1 + \frac{1}{n}\right)^n < e < \left(1 + \frac{1}{n}\right)^{n+1}$$

faça o que se pede.

(a) Mostre que

$$0 < \frac{1}{n} - \ln\left(1 + \frac{1}{n}\right) < \frac{1}{n} - \frac{1}{n+1}.$$

(b) Calcule $\lim \dfrac{h_n}{\ln(n)}$.

Conclua, com isso, que $\sum \dfrac{1}{n}$ diverge.

(c) Mostre que existe o limite

$$\lim[h_n - \ln(n)].$$

Conclua, com isso, que $\sum \dfrac{1}{n}$ diverge.

Exercício 3.36

Mostre que

$$\sum_{n=1}^{+\infty} \frac{1}{n!} = e.$$

Exercício 3.37

Mostre que, se $y_n > 0$ para todo $n \in \mathbb{N}$,

$$\lim(y_1 + y_2 + \cdots + y_n) = +\infty$$

e $\lim \frac{x_n}{y_n} = a$, então

$$\lim \frac{x_1 + x_2 + \cdots + x_n}{y_1 + y_2 + \cdots + y_n} = a.$$

Exercício 3.38

Seja (x_n) uma sequência de números reais tal que $x_n \geq 1$, para todo $n \geq 1$. Suponha que existe um número real positivo p tal que $\lim n^p x_n = L$. Prove que

$$\lim n^p \sqrt[n]{x_1 \cdot x_2 \cdot \ldots \cdot x_n} = L \cdot e^p.$$

Exercício 3.39

Mostre que, se a sequência (y_n) é crescente, $\lim y_n = +\infty$ e $\lim \dfrac{x_{n+1} - x_n}{y_{n+1} - y_n} = a$, então $\lim \dfrac{x_n}{y_n} = a$.

Exercício 3.40

Considere uma sequência de números reais (a_n) tal que $\lim a_n = a$ então faça o que se pede.

(a) Prove que $\lim \dfrac{1}{\ln(n)} \displaystyle\sum_{k=1}^{n} \dfrac{a_k}{k} = a$;

(b) Prove que $\lim \dfrac{n \cdot a_1 + (n-1)a_2 + \cdots + 1 \cdot a_n}{n^2} = \dfrac{a}{2}$.

Exercício 3.41

Mostre que se (a_n) é uma sequência convergente de termos positivos, então vale a seguinte igualdade

$$\lim \frac{a_1 + a_2 + \cdots + a_n}{n} = \lim \sqrt[n]{a_1 \cdot a_2 \cdot \ldots \cdot a_n}.$$

Exercício 3.42. Romanian Mathematical Competitions

Seja $x_0 > 0$ e para qualquer inteiro positivo n, considere

$$x_{n+1} = x_n + \frac{1}{\sqrt{x_n}}.$$

Encontre:

(a) $\lim x_n$;

(b) $\lim \dfrac{x_n^3}{n^2}$.

Nossa maior fraqueza está em desistir. O caminho mais certo para a vitória é tentar mais uma vez.

Thomas Edison

4 Soluções para as questões ímpares

Basta prestar atenção; as lições sempre chegam quando você está pronto.

Paulo Coelho

Neste capítulo, são apresentadas algumas sugestões de solução para as questões ímpares de cada capítulo. Acreditamos que essas soluções possam servir de complemento didático àqueles que estiverem estudando tais conteúdos. Entretanto, essas soluções não deveriam deixar de estar acompanhadas por uma sugestão: tentem resolver cada questão ao máximo possível antes de se render a dar uma olhada na solução apresentada aqui. Por outro lado, deixamos uma mesma quantidade de questões (as pares) sem solução para que elas sirvam de desafios aos leitores.

Resolver questões testam nosso aprendizado e nossa imaginação. Estudar matemática não é só decorar resultados e aplicar fórmulas. Estudar matemática é muito mais do que isso. É ter ideias, gerar hipóteses e testá-las! É ser capaz de verificar se um caminho a ser escolhido é frutífero ou não (quando possível) antes mesmo de colocá-lo no papel. É saber apreciar o caminho e não apenas o resultado em si.

4.1 Capítulo 1

Esperamos que os leitores possam fazer um bom uso das soluções apresentadas.

Solução 1.1

Considere o conjunto $S = \{x \in \mathbb{N} : \mathcal{P}(n_0 - 1 + x)$ é verdadeira$\}$. Dado qualquer $n \geq n_0$, existe $x \in \mathbb{N}$ tal que $n = n_0 - 1 + x$. De fato, $n - n_0 \geq 0$ e, consequentemente, $n - n_0 + 1 \geq 1$. Definindo $x = n - n_0 + 1$, temos prontamente $x \in \mathbb{N}$. Além disso, para todo $x \in \mathbb{N}$, temos $n_0 - 1 + x \geq n_0$, pois $x - 1 \geq 0$. Assim, se mostrarmos que $S = \mathbb{N}$, poderemos concluir que $\mathcal{P}(n)$ é verdadeira para todo $n \geq n_0$. Com efeito, note que $1 \in S$, pois $n_0 - 1 + 1 = n_0$ e $\mathcal{P}(n_0)$ é, por hipótese, verdadeira. Agora suponha que x é um número natural em S. Isto significa que $\mathcal{P}(n_0 - 1 + x)$ é verdadeira. Vamos mostrar que $x + 1$ também está em S. De fato, como $\mathcal{P}(n_0 - 1 + x)$ é verdadeira e $n_0 - 1 + x \geq n_0$, então a segunda hipótese do enunciado deste exercício garante que $\mathcal{P}((n_0 - 1 + x) + 1)$ é verdadeira. Mas esta é a proposição $\mathcal{P}(n_0 - 1 + (x + 1))$, já que $(n_0 - 1 + x) + 1 = n_0 - 1 + (x + 1)$. Logo, $x + 1 \in \mathbb{N}$. Portanto, pelo PIF, $\mathcal{P}(n_0 - 1 + x)$ é verdadeira para todo $x \in \mathbb{N}$. Portanto, $S = \mathbb{N}$. Isto nos permite concluir que $\mathcal{P}(n)$ é verdadeira para todo $n \geq n_0$, uma vez que qualquer $n \geq n_0$ pode ser escrito como $n = n_0 - 1 + x$ para algum $x \in \mathbb{N}$.

Solução 1.3

Para $n = 3$, o polígono é um triângulo e, como foi assumido, a soma de seus ângulos inteiros é 2π. Este é precisamente o valor de s_3 pela fórmula dada. Portanto, ela é verdadeira para $n = 3$. Suponha agora que qualquer polígono convexo com n lados tem o número $s_n = (n - 2) \cdot 2\pi$ como a soma dos seus ângulos internos. Seja $A_1 A_2 \ldots A_n A_{n+1}$ um polígono convexo em que cada A_i denota um dos seus $n + 1$ vértices.

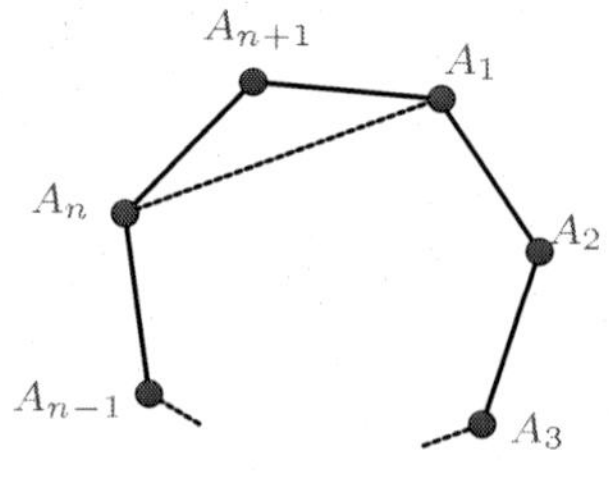

Este polígono possui, portanto, $n+1$ lados. Traçando o segmento A_1A_n, o vértice A_{n+1}, por pertencer a um polígono convexo, está fora do polígono convexo $A_1A_2\ldots A_n$, sendo este com n lados. A soma dos ângulos internos do polígono $A_1A_2\ldots A_nA_{n+1}$ é igual à soma da soma dos ângulos internos do polígono $A_1A_2\ldots A_n$, $(n-2)\cdot 2\pi$, com a soma dos ângulos internos do triângulo $A_1A_nA_{n+1}$, 2π, ou seja, é o número $(n-2)\cdot 2\pi + 2\pi = [(n+1)-2]\cdot 2\pi = s_{n+1}$. Portanto, pelo PIF, a proposição é verdadeira para todo natural $n \geq 3$.

Solução 1.5

Note que $(n+1)\cdot P(n+1) = \sum_{i=1}^{n} P(i)$ para todo $n > 1$. Temos

$$\begin{aligned}
2P(2) &= P(1),\\
3P(3) &= P(1)+P(2) = 2P(2)+P(2) = 3P(2),\\
4P(4) &= P(1)+P(2)+P(3) = 3P(3)+P(3) = 4P(3),\\
5P(5) &= P(1)+P(2)+P(3)+P(4) = 4P(4)+P(4) = 5P(4).
\end{aligned}$$

Isso nos faz conjecturar que, para todo $P(1)=1$, $P(2)=\frac{1}{2}$ e $P(n) = P(n+1)$ para todo $n \geq 2$. Ora, $P(2) = P(3)$ pelo que acabamos de verificar. Se para todos os números naturais i de 2 até um certo $n \geq 2$, $P(i) = P(i+1)$, então $P(i) = P(2)$, com $2 < i \leq n+1$ e

$$\begin{aligned}
P(n+2) &= \frac{1}{n+2}\sum_{i=1}^{n+1} P(i)\\
&= \frac{1}{n+2}\left[P(1) + \sum_{i=2}^{n+1} P(i)\right]\\
&= \frac{1}{n+2}\left[1 + \sum_{i=2}^{n+1} \frac{1}{2}\right]\\
&= \frac{1}{n+2}(1+\frac{n}{2})\\
&= \frac{1}{n+2}\cdot\frac{2+n}{2}\\
&= \frac{1}{2} = P(2) = P(n+1),
\end{aligned}$$

de onde $P(n+1) = P(n+2)$. Portanto, pelo PIF, $P(n) = P(n+1)$ para todo número natural $n \geq 2$. Em particular, $P(2023) = P(2) = \frac{1}{2}$. Portanto, $2P(2023) = 1$.

Solução 1.7

Para $n = 4$, temos $2^4 = 16 < 1 \cdot 2 \cdot 3 \cdot 4 = 4!$, de modo que $2^4 < 4!$. Suponha que, para algum $n \geq 4$, $2^n < n!$. Como $n + 1 \geq 4 + 1 > 2$, temos

$$2^{n+1} = 2 \cdot 2^n < 2 \cdot n! < (n+1)n! = (n+1)!,$$

o que implica $2^{n+1} < (n+1)!$. Portanto, pelo PIF, a proposição é verdadeira para todo $n \geq 4$.

Solução 1.9

Do Exercício 1.7, temos $\frac{1}{n!} \leq \frac{1}{2^n}$, para todo número natural $n \geq 4$. Assim,

$$\begin{aligned} 1 + \frac{1}{1!} + \frac{1}{2!} + \frac{1}{3!} + \frac{1}{4!} + \cdots + \frac{1}{n!} &< 1 + \frac{1}{1!} + \frac{1}{2!} + \frac{1}{3!} + \frac{1}{2^4} + \cdots + \frac{1}{2^n} \\ &= 2 - \frac{5}{24} + \frac{1}{2^1} \cdot \frac{1 - (\frac{1}{2})^n}{1 - \frac{1}{2}} \\ &< 2 + 1 - \left(\frac{1}{2}\right)^n \\ &< 3, \end{aligned}$$

de onde $1 + \frac{1}{1!} + \frac{1}{2!} + \frac{1}{3!} + \cdots + \frac{1}{n!} < 3$ para cada $n \in \mathbb{N}$.

Solução alternativa: Usando a desigualdade $2^{n-1} \leq n!$, válida para todo $n \in \mathbb{N}$, temos $\frac{1}{n!} \leq \frac{1}{2^{n-1}}$ para todo $n \in \mathbb{N}$. Assim,

$$\begin{aligned} 1 + \frac{1}{1!} + \frac{1}{2!} + \frac{1}{3!} + \cdots + \frac{1}{n!} &\leq 1 + \frac{1}{2^0} + \frac{1}{2^1} + \frac{1}{2^2} + \cdots + \frac{1}{2^{n-1}} \\ &= 1 + \frac{1}{2^0} \cdot \frac{1 - (\frac{1}{2})^n}{1 - \frac{1}{2}} = 3 - \left(\frac{1}{2}\right)^{n-1} \\ &< 3, \end{aligned}$$

de onde $1 + \frac{1}{1!} + \frac{1}{2!} + \frac{1}{3!} + \cdots + \frac{1}{n!} < 3$ para cada $n \in \mathbb{N}$.

Solução 1.11

Alternativa d). Com efeito, note que, para cada $n \in \mathbb{N}$,

$$\frac{1}{n(n+1)} = \frac{1}{n} - \frac{1}{n+1}.$$

Consequentemente,

$$\begin{aligned}\frac{1}{1\cdot 2}+\frac{1}{2\cdot 3}+\cdots+\frac{1}{n(n+1)} &= \left(\frac{1}{1}-\frac{1}{2}\right)+\left(\frac{1}{2}-\frac{1}{3}\right)+\cdots+\left(\frac{1}{n}-\frac{1}{n+1}\right)\\ &= 1-\frac{1}{n+1}\\ &= \frac{n}{n+1}.\end{aligned}$$

Logo, $\frac{1}{1\cdot 2}+\frac{1}{2\cdot 3}+\cdots+\frac{1}{n(n+1)}=\frac{n}{n+1}$. Esta igualdade pode ser provada formalmente pelo PIF.

Solução 1.13

Alternativa a). De fato,

$$\prod_{i=1}^{n}\left(1-\frac{1}{i+1}\right)=\prod_{i=1}^{n}\frac{i}{i+1}=\frac{1}{2}\cdot\frac{2}{3}\cdot\frac{3}{4}\cdot\dots\cdot\frac{n}{n+1}=\frac{1}{n+1}.$$

Esta igualdade pode ser provada formalmente pelo PIF.

Solução 1.15

Apenas para simplificar a redação, defina, para cada $n \in \mathbb{N}$, $s_n = 1^2 + 3^2 + \cdots + (2n-1)^2$. Como $1^2 = \frac{1(4\cdot 1^2-1)}{3}$, a igualdade é verdadeira para $n = 1$. Suponha que para algum $n \in \mathbb{N}$, $s_n = \frac{n(4n^2-1)}{3}$. Observando que $s_{n+1} - s_n = [2(n+1)-1]^2 = (2n+1)^2$, temos

$$\begin{aligned}\frac{(n+1)[4(n+1)^2-1]}{3} - s_n &= \frac{(n+1)[4(n+1)^2-1]}{3} - \frac{n(4n^2-1)}{3}\\ &= \frac{(n+1)[2(n+1)-1][2(n+1)+1]}{3} -\\ &- \frac{n(2n-1)(2n+1)}{3}\\ &= \frac{(n+1)(2n+1)(2n+3)-n(2n-1)(2n+1)}{3}\\ &= \frac{(2n+1)(2n^2+5n+3)-(2n+1)(2n^2-n)}{3}\\ &= \frac{(2n+1)(6n+3)}{3}\\ &= \frac{3(2n+1)(2n+1)}{3} = (2n+1)^2\\ &= s_{n+1} - s_1,\end{aligned}$$

de onde

$$s_{n+1} = \frac{(n+1)[4(n+1)^2 - 1]}{3}.$$

Logo, a fórmula vale para $n+1$. Portanto, pelo PIF, a igualdade é verdadeira para todo $n \in \mathbb{N}$.

Solução 1.17

Para $n = 1$, temos $\sum_{k=1}^{1} k \cdot 2^k = 1 \cdot 2^1 = 2 = (1-1)2^{1+1} + 2$, o que implica a validade da fórmula se $n = 1$. Suponha que, para algum $n \in \mathbb{N}$, vale

$$\sum_{k=1}^{n} k \cdot 2^k = (n-1)2^{n+1} + 2.$$

Então

$$\begin{aligned}\sum_{k=1}^{n+1} k \cdot 2^k &= (n+1)2^{n+1} + \sum_{k=1}^{n} k \cdot 2^k \\ &= (n-1)2^{n+1} + 2 + (n+1)2^{n+1} \\ &= [(n-1) + (n+1)]2^{n+1} + 2 = 2n2^{n+1} + 2 \\ &= [(n+1) - 1]2^{(n+1)+1} + 2,\end{aligned}$$

de onde

$$\sum_{k=1}^{n+1} k \cdot 2^k = [(n+1) - 1]2^{(n+1)+1} + 2.$$

Logo, a fórmula vale para $n+1$ sempre que vale para n. Portanto, pelo PIF, ela é verdadeira para todo $n \in \mathbb{N}$.

Solução 1.19

a) A igualdade é verdadeira para $n = 1$, pois, notando que $F_3 = 2$, temos $F_1 = 1 = 2 - 1 = F_{1+2} - 1$. Suponha que, para algum natural n, vale a igualdade $F_1 + F_2 + \cdots + F_n = F_{n+2} - 1$. Então, somando-se F_{n+1} aos seus dois membros e lembrando-se que $F_{n+3} = F_{n+2} + F_{n+1}$, chegamos à igualdade $F_1 + F_2 + \cdots + F_n + F_{n+1} = F_{n+3} - 1$, ou seja, a fórmula vale para $n+1$. Portanto, pelo PIF, a igualdade é verdadeira para todo $n \in \mathbb{N}$.

b) Para $n = 1$, temos $F_{1+1} \cdot F_{1-1} - F_1^2 = 1 \cdot 0 - 1^2 = -1 = (-1)^1$. Suponha que, para algum $n \in \mathbb{N}$, vale a igualdade $F_{n+1} \cdot F_{n-1} - F_n^2 = (-1)^n$, ou seja, $F_n^2 = -(-1)^n + F_{n+1} \cdot F_{n-1}$. Então

$$\begin{aligned} F_{(n+1)+1} \cdot F_{(n+1)-1} - (-1)^{n+1} &= (-1)^n + F_{n+2} \cdot F_n \\ &= (-1)^n + (F_{n+1} + F_n) \cdot F_n \\ &= (-1)^n + F_{n+1} \cdot F_n + F_n^2 \\ &= (-1)^n + F_{n+1} \cdot F_n - (-1)^n + F_{n+1} \cdot F_{n-1} \\ &= F_{n+1}(F_n + F_{n-1}) \\ &= F_{n+1} \cdot F_{n+1} = F_{n+1}^2, \end{aligned}$$

de onde $F_{(n+1+1)} \cdot F_{(n+1)-1} - F_n^2 = (-1)^{n+1}$. Assim, a fórmula vale para $n + 1$. Portanto, pelo PIF, ela vale para todo $n \in \mathbb{N}$.

c) Para $n = 1$, temos

$$\begin{bmatrix} F_{1+1} & F_1 \\ F_1 & F_{1-1} \end{bmatrix} = \begin{bmatrix} 1 & 1 \\ 1 & 0 \end{bmatrix}^1.$$

Agora suponha que para um certo $n \in \mathbb{N}$ vale a igualdade

$$\begin{bmatrix} 1 & 1 \\ 1 & 0 \end{bmatrix}^n = \begin{bmatrix} F_{n+1} & F_n \\ F_n & F_{n-1} \end{bmatrix}.$$

Então

$$\begin{aligned} \begin{bmatrix} 1 & 1 \\ 1 & 0 \end{bmatrix}^{n+1} &= \begin{bmatrix} 1 & 1 \\ 1 & 0 \end{bmatrix}^n \cdot \begin{bmatrix} 1 & 1 \\ 1 & 0 \end{bmatrix} = \begin{bmatrix} F_{n+1} & F_n \\ F_n & F_{n-1} \end{bmatrix} \cdot \begin{bmatrix} 1 & 1 \\ 1 & 0 \end{bmatrix} = \\ &= \begin{bmatrix} F_{n+1} \cdot 1 + F_n \cdot 1 & F_{n+1} \cdot 1 + F_n \cdot 0 \\ F_n \cdot 1 + F_{n-1} \cdot 1 & F_n \cdot 1 + F_{n-1} \cdot 0 \end{bmatrix} = \\ &= \begin{bmatrix} F_{(n+1)+1} & F_{n+1} \\ F_{n+1} & F_{(n+1)-1} \end{bmatrix}, \end{aligned}$$

de onde

$$\begin{bmatrix} 1 & 1 \\ 1 & 0 \end{bmatrix}^{n+1} = \begin{bmatrix} F_{(n+1)+1} & F_{n+1} \\ F_{n+1} & F_{(n+1)-1} \end{bmatrix}.$$

Isso significa que a igualdade é verdadeira para $n + 1$. Portanto, pelo PIF, ela é válida para todo $n \in \mathbb{N}$.

Solução 1.21

Considerando que, para todo $n \in \mathbb{N}$, $\frac{-1}{(n+1)^2} \geq -1$, $f(n) > 0$ e pela Desigualdade de Bernoulli, temos assim

$$\begin{aligned}
\frac{f(n+1)}{f(n)} &= \frac{\left(1+\frac{1}{n+1}\right)^{n+1}}{\left(1+\frac{1}{n}\right)^{n}} \\
&= \left(1+\frac{1}{n+1}\right)\left(\frac{1+\frac{1}{n+1}}{1+\frac{1}{n}}\right)^{n} \\
&= (1+\frac{1}{n+1})\left(\frac{n+2}{n+1}\cdot\frac{n}{n+1}\right)^{n} \\
&= \left(1+\frac{1}{n+1}\right)\left[1+\frac{-1}{(n+1)^2}\right]^{n} \text{ (Desigualdade de Bernoulli)} \\
&\geq \left(1+\frac{1}{n+1}\right)\left[1+\frac{-n}{(n+1)^2}\right] \\
&= \frac{(n+1)^3+1}{(n+1)^3} > 1,
\end{aligned}$$

de onde $f(n+1) > f(n)$ para todo $n \in \mathbb{N}$. Portanto, f é crescente no seu domínio.

Solução 1.23

a) Defina $s_n = 1^2 + 2^2 + \cdots + n^2$. Note que $1^2 = \frac{1(1+1)(2\cdot 1+1)}{6}$, o que signfica que a igualdade é verdadeira para $n = 1$. Suponha que para algum $n \in \mathbb{N}$, $s_n = \frac{n(n+1)(2n+1)}{6}$. Então, levando em consideração que $s_{n+1} - s_n = (n+1)^2$, temos

$$\begin{aligned}
&\frac{(n+1)[(n+1)+1][2(n+1)+1]}{6} - s_n = \\
&= \frac{(n+1)(n+2)(2n+3)}{6} - \frac{n(n+1)(2n+1)}{6} = \\
&= \frac{(n+1)(2n^2+7n+6)-(n+1)(2n^2+n)}{6} = \\
&= \frac{(n+1)(6n+6)}{6} = (n+1)^2 = s_{n+1} - s_n,
\end{aligned}$$

de onde $s_{n+1} = \frac{(n+1)[(n+1)+1][2(n+1)+1]}{6}$. Portanto, pelo PIF, a igualdade é verdadeira para todo $n \in \mathbb{N}$.

b) Defina $s_n = 1 + 3 + 5 + \cdots + (2n - 1)$. Note que $1 = 1^1$, e assim a igualdade é verdadeira para $n = 1$. Se, para algum $n \in \mathbb{N}$, $s_n = n^2$, então

$$s_{n+1} = s_n + [2(n+1) - 1] = n^2 + (2n+1) = (n+1)^2,$$

de onde $s_{n+1} = (n+1)^2$. Portanto, pelo PIF, a igualdade é verdadeira para todo $n \in \mathbb{N}$.

c) Defina $s_n = 1^3 + 2^3 + 3^3 + \cdots + n^3$ e considere $1 + 2 + 3 + \cdots + n = \frac{n(n+1)}{2}$, verdadeira para todo $n \in \mathbb{N}$. Como $1^3 = 1^2$, a igualdade é verdadeira para $n = 1$. Supondo que, para algum $n \in \mathbb{N}$, $s_n = (1 + 2 + 3 + \cdots + n)^2$, temos

$$\begin{aligned} s_{n+1} &= s_n + (n+1)^3 \\ &= (1 + 2 + 3 + \cdots + n)^2 + (n+1)(n+1)^2 \\ &= (1 + 2 + 3 + \cdots + n)^2 + 2(n+1) \cdot \frac{n(n+1)}{2} + (n+1)^2 \\ &= [(1 + 2 + 3 + \cdots + n) + (n+1)]^2, \end{aligned}$$

de onde $s_{n+1} = [1 + 2 + 3 + \cdots + n + (n+1)]^2$. Portanto, pelo PIF, a igualdade é verdadeira para todo $n \in \mathbb{N}$.

d) Defina $s_n = 1 \cdot 2 + 2 \cdot 3 + 3 \cdot 4 + \cdots + n(n+1)$. Como $1(1+1) = \frac{1(1+1)(1+2)}{3}$, a igualdade é verdadeira para $n = 1$. Supondo que, para algum $n \in \mathbb{N}$, $s_n = \frac{n(n+1)(n+2)}{3}$ e levando em consideração a igualdade $s_{n+1} - s_n = (n+1)(n+2)$, temos

$$\begin{aligned} \frac{(n+1)(n+2)(n+3)}{3} - s_n &= \frac{(n+1)(n+2)[(n+3) - n]}{3} \\ &= (n+1)(n+2) \\ &= s_{n+1} - s_n, \end{aligned}$$

de onde $s_{n+1} = \frac{(n+1)[(n+1)+1][(n+1)+2]}{3}$. Portanto, pelo PIF, a igualdade é verdadeira para todo $n \in \mathbb{N}$.

e) Note que $3^2 = 9 = 2 \cdot 4 + 1 > 2 \cdot 3 + 1$. Logo, a desigualdade é verdadeira para $n = 3$. Se, para algum número natural $n \geq 3$, $n^2 > 2n + 1$, então

$$\begin{aligned}(n+1)^2 = n^2 + 2n + 1 \geq n^2 + 2 \cdot 3 + 1 > n^2 + 2 > \\ > (2n+1) + 2 = 2(n+1) + 1,\end{aligned}$$

de onde $(n + 1)^2 > 2(n + 1) + 1$. Portanto, pelo PIF, a desigualdade é verdadeira para todo número natural $n \geq 3$.

f) No que segue, estamos supondo que todas as moedas verdadeiras possuem mesmo peso. Para $2^1 = 2$ moedas, sendo uma delas falsa, basta uma pesagem para encontrar a moeda falsa, visto que esta tem peso menor que o da verdadeira. Logo, a proposição é verdadeira para $n = 1$. Suponha que com n pesagens é sempre possível encontrar a única moeda falsa dentre 2^n moedas. Então, dadas $2^{n+1} = 2 \cdot 2^n$ moedas, podemos dividi-las em dois conjuntos com 2^n moedas cada. Evidentemente, a moeda falsa está em um desses conjuntos. Para saber em qual deles ela se encontra, realizamos uma pesagem. O conjunto de menor peso é onde a moeda falsa está. Em seguida, como o conjunto no qual a moeda falsa está possui 2^n moedas, a nossa hipótese garante que com n pesagens a moeda falsa é encontrada. Assim, para encontrar a moeda falsa dentre 2^{n+1} moedas, devemos realizar $n + 1$ pesagens. Portanto, pelo PIF, o procedimento para encontrar a moeda falsa é válido para qualquer $n \in \mathbb{N}$.

g) Ora,

$$\left(\frac{7}{5}\right)^2 = \frac{49}{25} < \frac{75}{25} = 3$$
$$\left(\frac{7}{4}\right)^2 = \frac{49}{16} > \frac{48}{16} = 3.$$

Logo, $(\frac{7}{5})^2 < a_2 < (\frac{7}{4})^2$.

Ou seja, as desigualdades são verdadeiras para $n = 2$.

O par de desigualdades também é verdadeiro para $n = 3$, pois

$$\left(\frac{7}{5}\right)^3 = \frac{343}{125} < \frac{500}{125} = 4 = a_3$$
$$\left(\frac{7}{4}\right)^3 = \frac{343}{64} > \frac{256}{64} = 4 = a_3.$$

Se $n \geq 3$ é um número natural tal que as desigualdades $(\frac{7}{5})^i < a_i < (\frac{7}{4})^i$ são verdadeiras para todo $i \in \mathbb{N}$ que satisfaz $2 \leq i \leq n$, então

$$\begin{aligned}
&\left(\frac{7}{5}\right)^n + \left(\frac{7}{5}\right)^{n-1} < a_n + a_{n-1} < \left(\frac{7}{4}\right)^n + \left(\frac{7}{4}\right)^{n-1} \iff \\
\iff &\left(\frac{7}{5}\right)^n + \frac{5}{7}\cdot\left(\frac{7}{5}\right)^n < a_{n+1} < \left(\frac{7}{4}\right)^n + \frac{4}{7}\cdot\left(\frac{7}{4}\right)^n \iff \\
\iff &(1+\frac{5}{7})\cdot\left(\frac{7}{5}\right)^n < a_{n+1} < (1+\frac{4}{7})\cdot\left(\frac{7}{4}\right)^n \iff \\
\iff &\frac{12}{7}\left(\frac{7}{5}\right)^n < a_{n+1} < \frac{11}{7}\cdot\left(\frac{7}{4}\right)^n,
\end{aligned}$$

e assim, $\frac{12}{7}\cdot(\frac{7}{5})^n < a_{n+1} < \frac{11}{7}\cdot(\frac{7}{4})^n$. Levando em consideração que $\frac{12}{7}\cdot(\frac{7}{5})^n > \frac{7}{5}\cdot(\frac{7}{5})^n = (\frac{7}{5})^{n+1}$ e $\frac{11}{7}\cdot(\frac{7}{4})^n < \frac{7}{4}\cdot(\frac{7}{4})^n = (\frac{7}{4})^{n+1}$, obtemos $(\frac{7}{5})^{n+1} < a_{n+1} < (\frac{7}{4})^{n+1}$. Portanto, pelo PIF, $(\frac{7}{5})^n < a_n < (\frac{7}{4})^n$ para todo número natural $n \geq 2$.

h) Observe que $4! = 4\cdot3\cdot2\cdot1 = 4\cdot6 > 4\cdot4 = 4^2$. Logo, a desigualdade é verdadeira para $n = 4$. Se para algum número natural $n \geq 4$, $n! > n^2$, então, ao levar em consideração o item e), pelo qual $n^2 > 2n+1$, temos

$$\begin{aligned}
&(n+1)! = (n+1)n! > (n+1)n^2 \geq (4+1)n^2 > \\
&> (1+1)n^2 = n^2 + n^2 > n^2 + (2n+1) = (n+1)^2,
\end{aligned}$$

e assim, $(n+1)! > (n+1)^2$. Portanto, pelo PIF, a desigualdade é verdadeira para todo número natural $n \geq 4$.

Solução 1.25

Não, pois $f(17)$ é composto. De fato,

$$f(17) = 17^2 + 17 + 17 = 17(17 + 1 + 1) = 17 \cdot 19.$$

Solução 1.27

Note que $M_1 = 1(1^2 - 1)(3 \cdot 1 + 2) = 0$ e, assim, 24 divide M_1. Suponha que, para um certo $n \in \mathbb{N}$, o número $M_n = n(n^2 - 1)(3n + 2)$ é divisível por 24.
Note que

$$\begin{aligned} M_{n+1} - M_n &= (n + 1)[(n + 1)^2 - 1][3(n + 1) + 2] - n(n^2 - 1)(3n + 2) \\ &= (n + 1)n(n + 2)(3n + 5) - n(n + 1)(n - 1)(3n + 2) \\ &= n(n + 1)(3n^2 + 11n + 10) - n(n + 1)(3n^2 - n - 2) \\ &= n(n + 1)(12n + 12) \\ &= 12n(n + 1)(n + 1), \end{aligned}$$

de onde $M_{n+1} = M_n + 12n(n + 1)(n + 1)$. Como $n(n + 1)$ é múltiplo de 2, pois é o produto de dois números naturais consecutivos, o número $12n(n + 1)(n + 1)$ é múltiplo de 24. Além disso, por hipótese, o número M_n é também um múltiplo de 24. Logo, a soma $M_n + 12n(n + 1)(n + 1)$ é um múltiplo de 24, o que significa que M_{n+1} é múltiplo de 24. Portanto, pelo PIF, o número M_n é múltiplo de 24 para qualquer $n \in \mathbb{N}$.

Solução 1.29

Sim, pois, dado qualquer $n \in \mathbb{N}$ e fazendo $m = n + 1$ na fórmula de g, temos

$$g(n, n + 1) = n^2 + n + (n + 1) = n^2 + 2n + 1 = (n + 1)^2.$$

Vale observar que a expressão apresentada no Exercício 1.25 é, simplesmente, $g(n, 17)$. Que, pelo exposto, é um quadrado perfeito quando $n = 16$.

Solução 1.31

a) Veja que a igualdade é verdadeira para $n = 2$, pois

$$1 - \frac{1}{2^2} = \frac{3}{4} = \frac{2+1}{2 \cdot 2}.$$

Além disso, se para algum $n \geq 2$, vale

$$\prod_{i=2}^{n} \left(1 - \frac{1}{i^2}\right) = \frac{n+1}{2n}$$

então

$$\begin{aligned}
\prod_{i=2}^{n+1} \left(1 - \frac{1}{i^2}\right) &= \left[\prod_{i=2}^{n} \left(1 - \frac{1}{i^2}\right)\right] \cdot [1 - \frac{1}{(n+1)^2}] \\
&= \frac{n+1}{2n} \cdot \left[1 - \frac{1}{(n+1)^2}\right] \\
&= \frac{n+1}{2n} \cdot \frac{(n+1)^2 - 1}{(n+1)^2} \\
&= \frac{n+1}{2n} \cdot \frac{n(n+2)}{(n+1)^2} \\
&= \frac{(n+1)+1}{2(n+1)},
\end{aligned}$$

de onde

$$\prod_{i=2}^{n+1} \left(1 - \frac{1}{i^2}\right) = \frac{(n+1)+1}{2(n+1)}.$$

Em outras palavras, a igualdade é verdadeira para $n + 1$ sempre que é verdadeira para $n \geq 2$.

Portanto, pelo PIF, ela é verdadeira para qualquer número natural $n \geq 2$.

b) Seja S o conjunto de todos os números naturais $n \geq 2$ tais que a igualdade

$$\prod_{i=2}^{n}\left(1-\frac{1}{i^2}\right)=\frac{n+1}{2n}$$

é falsa e suponha que existe pelo menos um natural para o qual a igualdade é falsa. Em outros termos, admita que S é não vazio. Pelo PBO, S possui um menor elemento, digamos, n_0. Como $2 \notin S$, já que

$$1-\frac{1}{2^2}=\frac{3}{4}=\frac{2+1}{2\cdot 2},$$

temos $n_0 \geq 3$ e, por isso, $n_0 - 1 \geq 2$. Como $2 \leq n_0 - 1 < n_0$, a igualdade deve ser verdadeira para $n = n_0 - 1$. Logo,

$$\prod_{i=2}^{n_0-1}\left(1-\frac{1}{i^2}\right)=\frac{(n_0-1)+1}{2(n_0-1)}.$$

Ao multiplicar os dois lados desta igualdade pelo número não nulo $1-\frac{1}{n_0^2}$, obtemos a equação equivalente

$$\left[\prod_{i=2}^{n_0-1}\left(1-\frac{1}{i^2}\right)\right]\cdot\left[1-\frac{1}{n_0^2}\right]=\frac{(n_0-1)+1}{2(n_0-1)}\cdot\left[1-\frac{1}{n_0^2}\right],$$

a qual é equivalente à

$$\prod_{i=2}^{n_0}\left(1-\frac{1}{i^2}\right)=\frac{n_0+1}{2n_0},$$

um absurdo, visto que esta última igualdade é falsa devido à definição de n_0. Logo, S não pode ter um menor elemento. Isso significa que S é vazio e, portanto, a igualdade

$$\prod_{i=2}^{n}\left(1-\frac{1}{i^2}\right)=\frac{n+1}{2n}$$

é verdadeira para todo número natural $n \geq 2$.

Solução 1.33

Seja S o conjunto formado por todos os números naturais n para os quais a igualdade

$$\sum_{k=1}^{n} k \cdot 2^k = (n-1)2^{n+1} + 2 \tag{4.1}$$

é falsa e suponha $S \neq \emptyset$, isto é, que existe pelo menos um $n \in \mathbb{N}$ para o qual a igualdade 4.1 é falsa. Pelo PBO, o conjunto S possui um menor elemento, o qual será designado por n_0. Note que $n_0 \neq 1$, uma vez que 4.1 vale para $n = 1$. (De fato, $\sum_{k=1}^{1} k \cdot 2^k = 1 \cdot 2^1 = 2 = (1-1)2^{1+1} + 2$.) Assim, $n_0 \geq 2$. Como $n = n_0$ é o menor número natural tal que 4.1 é falsa e como $n_0 - 1 \in \mathbb{N}$, a igualdade 4.1 é certamente verdadeira para $n = n_0 - 1$. Por isso, temos

$$\sum_{k=1}^{n_0-1} k \cdot 2^k = (n_0 - 2)2^{n_0} + 2. \tag{4.2}$$

Somando $n_0 \cdot 2^{n_0}$ aos dois membros de 4.2, encontramos a igualdade equivalente

$$n_0 \cdot 2^{n_0} + \sum_{k=1}^{n_0-1} k \cdot 2^k = n_0 \cdot 2^{n_0} + (n_0 - 2)2^{n_0} + 2,$$

que, por sua vez, é equivalente à

$$\sum_{k=1}^{n_0} k \cdot 2^k = (n_0 - 1)2^{n_0+1} + 2,$$

indicando com isso que $n = n_0$ satisfaz 4.1, ou seja, que $n_0 \notin S$, um absurdo. Logo, S não pode possuir um menor elemento, o que implica $S = \emptyset$. Assim, é impossível encontrar um $n \in \mathbb{N}$ que torne 4.1 falsa. Portanto, 4.1 é verdadeira para todo $n \in \mathbb{N}$.

Solução 1.35

Seja S o conjunto de todos os números naturais $n \geq 4$ para os quais não é possível encontrar $a, b \in \mathbb{N} \cup \{0\}$ satisfazendo $n = 2a + 5b$. Se supomos $S \neq \emptyset$, então, devido ao PBO, existe um menor elemento em S, digamos n_0. Observe que $n_0 \neq 4$ e $n_0 \neq 5$, pois $4 = 2 \cdot 2 + 5 \cdot 0$ e $5 = 2 \cdot 0 + 5 \cdot 1$. Por causa disso, $n_0 \geq 6$, o que implica $n_0 - 2 \geq 4$. Esta é a desigualdade $n_0 - 2 < n_0$ garantem a existência de $a, b \in \mathbb{N} \cup \{0\}$ tais que $n_0 - 2 = 2a + 5b$, que equivale a escrever $n_0 = 2(a+1) + 5b$, que implica $n_0 \notin S$, pois $a + 1, b \in \mathbb{N} \cup \{0\}$, contradizendo a definição de n_0. Logo, o conjunto S não pode ter um mínimo, o que significa que $S = \emptyset$. Portanto, qualquer número natural $n \geq 4$ pode ser escrito como $n = 2a + 5b$ para convenientes $a, b \in \mathbb{N} \cup \{0\}$.

Solução 1.37

Seja $A \subset \mathbb{N}$ um conjunto não vazio e limitado. Então existe $N \in \mathbb{N}$ tal que $1 \leq n \leq N$ para todo $n \in A$. Defina S como sendo o conjunto de todos os números naturais N satisfazendo a propriedade mencionada. Então, como A é limitado, S é não vazio. Logo, devido ao PBO, S possui um mínimo, digamos N_0. Afirmamos que N_0 é o maior elemento de A. De fato, como $N_0 - 1 \notin S$, existe $n \in A$ tal que $N_0 - 1 < n$. Mas $n \leq N_0$ e a única maneira de ter $N_0 - 1 < n \leq N_0$ é com $n = N_0$. Portanto, $N_0 \in A$, o que implica que N_0 é um maior elemento de A (na verdade, N_0 é o maior elemento de A, mas não estamos preocupados em demonstrar a unicidade do máximo de um conjunto), já que não existe um elemento de A maior do que N_0.

Solução 1.39

Se $n = 2$, então 2 é o fator primo de n que estamos procurando. Suponha que todos os números naturais de 2 até um certo n, possui fator primo. Queremos provar que $n + 1$ também possui um fator primo. De fato, $n + 1$ ou é primo ou é composto. Se ele é primo, não há mais o que fazer. No entanto, se $n + 1$ é composto, então existem naturais $a, b \geq 2$ com $n + 1 = ab$. Ora, pelo menos um dos números a e b não é maior do que n, isto é, $a \leq n$ ou $b \leq n$. Realmente, assumir $a, b \geq n$ nos leva à $ab \geq n \cdot n \geq 2 \cdot n = n + n \geq n + 2 > n + 1$, um absurdo. O que acabamos de mostrar é que a ou b é um dos números $2, \ldots, n$. Logo, a ou b tem, por hipótese, um fator primo e, portanto, $n + 1$ possui este fator primo. Consequentemente, o PIF garante que todos os números naturais $n \geq 2$ possui um fator primo.

Solução 1.41

Dados n números positivos $a_1, a_2, \ldots, a_n$, as médias mais famosas são a arimética, A_n, a geométrica, G_n, e a harmônica, H_n, definidas pelas igualdades

$$A_n = \frac{a_1 + a_2 + \cdots + a_n}{n}, \quad G_n = \sqrt[n]{a_1 \cdot a_2 \cdot \ldots \cdot a_n}$$

e

$$H_n = \frac{n}{\frac{1}{a_1} + \frac{1}{a_2} + \cdots + \frac{1}{a_n}}.$$

Sabe-se que $H_n \leq G_n \leq A_n$ para todo $n \in \mathbb{N}$. O nosso propósito é mostrar a segunda desigualdade, isto é, $G_n \leq A_n$ para todo $n \in \mathbb{N}$. Para isso, mostraremos inicialmente que, para todo $n \in \mathbb{N}$, se $x_1, x_2, \ldots, x_n$ são n números positivos quaisquer tais que $x_1 \cdot x_2 \cdot \ldots \cdot x_n = 1$, então $x_1 + x_2 + \ldots + x_n \geq n$. Para $n = 1$, então, para qualquer $x_1 > 0$, temos $x_1 \geq 1$ sempre que $x_1 = 1$. A proposição também é certa para $n = 2$. De fato, se x_1 e x_2 são quaisquer dois números positivos satisfazendo a igualdade $x_1 x_2 = 1$, então $x_1 + x_2 \geq 2$, pois se tivéssemos $x_1 + x_2 < 2$, então, como $x_2 = \frac{1}{x_1}$, seguiria

$$x_1 + x_2 < 2 \iff x_1 + \frac{1}{x_1} < 2 \iff x_1^2 + 1 < 2x_1 \iff$$
$$\iff x_1^2 - 2x_1 + 1 < 0 \iff (x_1 - 1)^2 < 0,$$

um absurdo, já que o quadrado de qualquer número real não é negativo. Agora, suponhamos que para um certo $n \in \mathbb{N}$, quaisquer n números positivos $x_1, x_2, \ldots, x_n$ satisfazendo a igualdade $x_1 \cdot x_2 \cdot \ldots \cdot x_n = 1$, verificam também a desigualdade $x_1 + x_2 + \ldots + x_n \geq n$. Vamos mostrar a partir disso que $x_1 \cdot x_2 \cdot \ldots \cdot x_n \cdot x_{n+1} = 1$ implica $x_1 + x_2 + \ldots + x_n + x_{n+1} \geq n + 1$ para quaisquer $n + 1$ números positivos $x_1, x_2, \ldots, x_n, x_{n+1}$.

Com efeito, suponha $x_1 \cdot x_2 \cdot \ldots \cdot x_n \cdot x_{n+1} = 1$. Se todos os x_i's são iguais, então todos eles são iguais a 1. Consequentemente, $x_1 + x_2 + \ldots + x_n + x_{n+1} = n + 1$ e implicação entre as proposições está provada para este caso. Por outro lado, se não ocorre de todos os x_i's serem iguais, então um desses números é menor do que 1, digamos x_1, e outro é maior do que 1, digamos x_{n+1}. A existência de $x_1 < 1$ se dá pelo fato de que, assumindo $x_i > 1$ para todo $1 \leq i \leq n + 1$, somos levados a aceitar que o produto de todos esses números é maior do que 1, o que não é verdade. Também não pode ocorrer de ter $x_i = 1$ para todos $1 \leq i \leq n + 1$, pois pelo menos um desses números é, como supomos, diferente de um outro. Argumentos semelhantes provam a existência de $x_{n+1} > 1$. Voltando à demonstração, defina $y = x_1 \cdot x_{n+1}$. Então

$$y \cdot x_2 \cdot \ldots \cdot x_n = 1.$$

Como $y, x_2, \ldots, x_n$ são n números positivos cujo produto é 1, segue-se de nossa hipótese a desigualdade

$$y + x_2 + \ldots + x_n \geq n.$$

Assim, tendo em vista as desigualdades $x_{n+1} - 1 > 0$ e $1 - x_1 > 0$, temos

$$\begin{aligned} & x_1 + x_2 + \ldots + x_n + x_{n+1} = (y + x_2 + \ldots + x_n) + x_{n+1} - y + x_1 \geq \\ & \geq n + x_{n+1} - y + x_1 = (n+1) + x_{n+1} - x_1 \cdot x_{n+1} + x_1 - 1 = \\ & = (n+1) + (x_{n+1} - 1)(1 - x_1) > n + 1, \end{aligned}$$

de onde $x_1 + x_2 + \ldots + x_n + x_{n+1} > n + 1$. Logo, a proposição é verdadeira para $n + 1$. Portanto, pelo PIF, a nossa afirmação é verdadeira para todo $n \in \mathbb{N}$.
Para chegar à desigualdade $G_n \leq A_n$, em que n é um número natural qualquer, observamos que de $G_n = \sqrt[n]{a_1 \cdot a_2 \cdot \ldots \cdot a_n}$, temos

$$\frac{a_1}{G_n} \cdot \frac{a_2}{G_n} \cdot \ldots \cdot \frac{a_n}{G_n} = 1.$$

Assim, usando o que acabamos de provar, temos

$$\frac{a_1}{G_n} + \frac{a_2}{G_n} + \cdots + \frac{a_n}{G_n} \geq n,$$

uma vez que $\frac{a_i}{G_n} > 0$ para todo $1 \leq i \leq n$. Multiplicando os dois lados dessa desigualdade por $\frac{G_n}{n}$, encontramos $A_n \geq G_n$, como queríamos.
Para mostrar que $H_n \leq G_n$ para todo $n \in \mathbb{N}$, basta reescrever a igualdade que define H_n na forma

$$\frac{1}{H_n} = \frac{\frac{1}{a_1} + \frac{1}{a_2} + \cdots + \frac{1}{a_n}}{n}.$$

Esta nova igualdade nos diz que $\frac{1}{H_n}$ é a média aritmética dos n números positivos $\frac{1}{a_1}, \frac{1}{a_2}, \ldots, \frac{1}{a_n}$. Pela desigualdade entre as médias aritmética e geométrica, encontramos

$$\frac{\frac{1}{a_1} + \frac{1}{a_2} + \cdots + \frac{1}{a_n}}{n} \geq \sqrt[n]{\frac{1}{a_1} \cdot \frac{1}{a_2} \cdot \ldots \cdot \frac{1}{a_n}} = \frac{1}{G_n},$$

e assim, $\frac{1}{H_n} \geq \frac{1}{G_n}$, de onde segue-se $H_n \leq G_n$.

4.2 Capítulo 2

Solução 2.1

Dada a reta númerica r, dizer que uma sequência (x_n) converge para um número a, significa, afirmar que, para qualquer segmento de reta AB, com $A \neq B$, contido em r e cujo ponto médio é o ponto de coordenada $(0, a)$, existe um $n_0 \in \mathbb{N}$ tal que os pontos $X_n = (n, x_n)$, com $n > n_0$, estão no interior da faixa do plano determinada por AB.

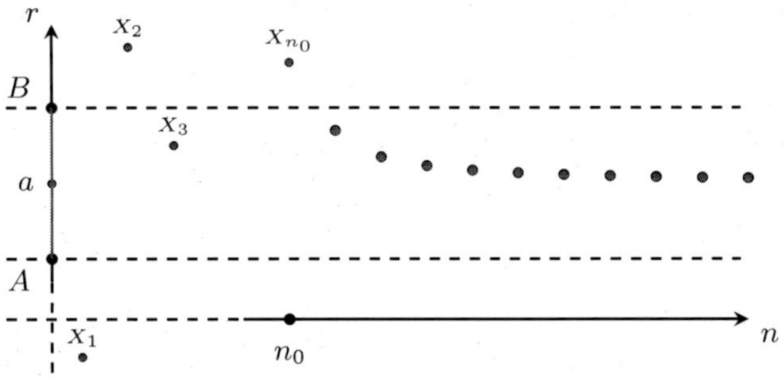

Solução 2.3

a) $a_1 = \frac{1-1}{1+2} = 0$, $a_2 = \frac{2-1}{2+2} = \frac{1}{4}$, $a_3 = \frac{3-1}{3+2} = \frac{2}{5}$, $a_4 = \frac{4-1}{4+2} = \frac{3}{6}$, $a_5 = \frac{5-1}{5+2} = \frac{4}{7}$.

b) $a_1 = \frac{3 \cdot 1^2 - 1}{1^3} = 2$, $a_2 = \frac{3 \cdot 2^2 - 1}{2^3} = \frac{11}{8}$, $a_3 = \frac{3 \cdot 3^2 - 1}{3^3} = \frac{26}{27}$, $a_4 = \frac{3 \cdot 4^2 - 1}{4^3} = \frac{47}{64}$, $a_5 = \frac{3 \cdot 5^2 - 1}{5^3} = \frac{74}{125}$.

c) $a_1 = \frac{(-1)^{1+1}}{1} = 1$, $a_2 = \frac{(-1)^{2+1}}{2} = -\frac{1}{2}$, $a_3 = \frac{(-1)^{3+1}}{3} = \frac{1}{3}$, $a_4 = \frac{(-1)^{4+1}}{4} = -\frac{1}{4}$, $a_5 = \frac{(-1)^{5+1}}{5} = \frac{1}{5}$.

Solução 2.5

Inicialmente, note que $\frac{n}{n+4} = \frac{1}{1+\frac{4}{n}}$ para todo n. É de se conjecturar que $\lim a_n = 1$, pois $\lim \frac{4}{n} = 0$. De fato, isto é verdadeiro pelas operações com limites. No entanto, para mostrar, pela definição de convergência, que $\lim \frac{n}{n+4} = 1$, primeiro observamos que, para todo $n \in \mathbb{N}$,

$$\left| \frac{n}{n+4} - 1 \right| = \frac{4}{n+4} < \frac{4}{n}.$$

Seja $\epsilon > 0$. Como $\lim \frac{4}{n} = 0$, sabemos que existe $n_0 \in \mathbb{N}$ tal que, para todo $n \in \mathbb{N}$, $n > n_0$ implica $\frac{4}{n} < \epsilon$. Basta escolher $n_0 > \frac{4}{\epsilon}$. Logo,

$$\left|\frac{n}{n+4} - 1\right| < \frac{4}{n} < \epsilon$$

para todo $n > n_0$. Como este procedimento pode ser realizado para qualquer $\epsilon > 0$, concluímos que $\lim \frac{n}{n+4} = 1$.

Solução 2.7

a) Inicialmente, observe que, para todo $n \in \mathbb{N}$, $\sqrt{n+1} - \sqrt{n} = \frac{1}{\sqrt{n+1}+\sqrt{n}}$, pois $(\sqrt{n+1} - \sqrt{n})(\sqrt{n+1} + \sqrt{n}) = 1$. Além disso, note que, para todo $n \in \mathbb{N}$, $\frac{1}{\sqrt{n+1}+\sqrt{n}} < \frac{1}{2\sqrt{n}}$, uma vez que sempre temos $2\sqrt{n} = \sqrt{n} + \sqrt{n} < \sqrt{n+1} + \sqrt{n}$. Assim, dado qualquer $n \in \mathbb{N}$,

$$|(\sqrt{n+1} - \sqrt{n}) - 0| = \frac{1}{\sqrt{n+1} + \sqrt{n}} < \frac{1}{2\sqrt{n}}.$$

Como $\lim \frac{1}{2\sqrt{n}} = 0$, para qualquer $\epsilon > 0$, encontramos um $n_0 \in \mathbb{N}$ para o qual $n > n_0$ implica $\frac{1}{2\sqrt{n}} < \epsilon$. De fato, basta tomar $n_0 > (\frac{1}{2\epsilon})^2$. Assim, para todo $n > n_0$, temos

$$|(\sqrt{n+1} - \sqrt{n}) - 0| < \frac{1}{2\sqrt{n}} < \epsilon$$

e, portanto, $\lim(\sqrt{n+1} - \sqrt{n}) = 0$.

b) Ora, sabendo que $|\sin(2n)| \leq 1$ e que $|n + \sin(2n)| \geq n - 1$, vem, para todo $n \geq 2$,

$$\left|\frac{3n}{n+\sin(2n)} - 3\right| = \left|\frac{3\sin(2n)}{n+\sin(2n)}\right| \leq \frac{3}{|n+\sin(2n)|} \leq \frac{3}{n-1}.$$

Mas $\lim \frac{3}{n-1} = 0$, e portanto, dado qualquer $\epsilon > 0$, existe $n_0 \in \mathbb{N}$ tal que $\frac{3}{n-1} < \epsilon$ sempre que $n > n_0$. De fato, basta escolher $n_0 > 1 + \frac{3}{\epsilon}$. Note que $n_0 \geq 2$. Logo, para todo $n > n_0$, temos

$$\left|\frac{3n}{n+\sin(2n)} - 3\right| \leq \frac{3}{n-1} < \epsilon.$$

Portanto, $\lim \frac{3n}{n+\sin(2n)} = 3$.

Solução 2.9

Seja $\epsilon > 0$. Podemos escolher $n_1, n_2 \in \mathbb{N}$ tais que

$$a_{2n} \in (a - \epsilon, a + \epsilon) \text{ sempre que } n > n_1, \tag{4.3}$$

e que

$$a_{2n-1} \in (a - \epsilon, a + \epsilon) \text{ sempre que } n > n_2. \tag{4.4}$$

Defina $n_0 = \max\{2n_1, 2n_2 - 1\}$. Então $n_0 \geq 2n_1$ e $n_0 \geq 2n_2 - 1$. Assim, para cada $n > n_0$, temos $n > 2n_1$ e $n > 2n_2 - 1$. Se n é par, isto é, da forma $n = 2k$ para algum $k \in \mathbb{N}$, então, da desigualdade $n > 2n_1$, obtemos $2k > 2n_1$, ou seja, $k > n_1$. Logo, pela Implicação (4.3), $x_{2k} \in (a - \epsilon, a + \epsilon)$. Por outro lado, se n é ímpar, então $n = 2l - 1$ para algum $l \in \mathbb{N}$. Sendo $n > 2n_2 - 1$, encontramos $l > n_2$. Assim, pela Implicação (4.4), temos $x_{2l-1} \in (a - \epsilon, a + \epsilon)$. Portanto, em qualquer caso, $x_n \in (a - \epsilon, a + \epsilon)$ sempre que $n > n_0$. Como $\epsilon > 0$ é arbitrário, segue-se que $\lim a_n = a$.

Solução 2.11

a) Ao dividir todos os membros das desigualdades $0 < |c| < 1$ por $|c|$, encontramos

$$\frac{1}{|c|} > 1.$$

Defina $d = \frac{1}{|c|} - 1$.
Então $d > 0$ e, da sua definição, encontramos $|c| = \frac{1}{1+d}$. Portanto, d existe sob as condições dadas.
Além disso, de $1 + d = \frac{1}{|c|}$, temos $(1 + d)^n = (\frac{1}{|c|})^n$ para qualquer $n \in \mathbb{N}$.
Logo, $\frac{1}{|c|^n} = (1 + d)^n$.
Pela Desigualdade de Bernoulli, $(1+d)^n \geq 1+nd \geq nd$ e, assim, $\frac{1}{|c|^n} \geq nd$, de onde

$$|c|^n \leq \frac{1}{nd}.$$

b) Seja $c \in \mathbb{R}$ tal que $|c| < 1$.
Se $c = 0$, então $\lim c^n = 0$, pois $c^n = 0$ para todo $n \in \mathbb{N}$.
Se $c \neq 0$, então $0 < |c| < 1$. Assim, pelo item a), existe $d > 0$ tal que $|c|^n \leq \frac{1}{nd}$. Então $|c^n| \leq \frac{1}{nd}$. Como $|c^n| > 0$ e $\lim(\frac{1}{nd}) = 0$, pelo Teorema do Confronto, obtemos $\lim |c^n| = 0$. Portanto, $\lim c^n = 0$.

c) Seja $c \in \mathbb{R}$ tal que $|c| < 1$.
Se $c = 0$, então $\lim \sqrt{n} \cdot c^n = 0$, pois $\sqrt{n} \cdot c^n = 0$ para todo $n \in \mathbb{N}$.
Se $c \neq 0$, então $0 < |c| < 1$. Assim, pelo item a), existe $d > 0$ tal que $|c|^n \leq \frac{1}{nd}$. Logo,

$$0 < |\sqrt{n} \cdot c^n| = \sqrt{n}|c|^n \leq \sqrt{n} \cdot \frac{1}{nd} = \frac{1}{\sqrt{n} \cdot d}.$$

Mas $\lim 0 = \lim \frac{1}{\sqrt{n} \cdot d} = 0$. Portanto, pelo Teorema do Confronto, $\lim \sqrt{n} \cdot c^n = 0$.

d) Use o item anterior para provar que $\lim nc^n = 0$ se $|c| < 1$.
Seja $c \in \mathbb{R}$ tal que $|c| < 1$. Então o número não negativo $\sqrt{|c|}$ existe (pois $|c| \geq 0$) e é menor do que 1. A última afirmação é consequência do fato de que $|c| < 1$ é equivalente a

$$0 < (1 - \sqrt{|c|})(1 + \sqrt{|c|})$$

e de que $1 + \sqrt{|c|} > 0$. Pelo item c), $\lim \sqrt{n} \cdot (\sqrt{|c|})^n = 0$. Logo,

$$\begin{aligned} 0 &= 0 \cdot 0 \\ &= \lim[\sqrt{n} \cdot (\sqrt{|c|})^n] \cdot \lim[\sqrt{n} \cdot (\sqrt{|c|})^n] \\ &= \lim n(\sqrt{|c|})^{2n} \\ &= \lim n|c|^n, \end{aligned}$$

de onde $\lim n|c|^n = 0$, isto é, $\lim |nc^n| = 0$. Logo, $\lim nc^n = 0$.

Solução 2.13

a) Falso. Por exemplo, $\lim n = +\infty$, $\lim \frac{1}{n}$, mas $\lim(n \cdot \frac{1}{n}) = 1$.

b) Falso. Por exemplo, $\lim \frac{1}{n^2} = 0$, $\lim \frac{1}{n} = 0$, mas $\lim \frac{1/n^2}{1/n} = \lim \frac{1}{n} = 0$.

c) Verdade, pois se $\lim(a_n + b_n)$ existe sob as condições de que $\lim a_n$ existe e $\lim b_n$ não existe, então, $\lim[(a_n + b_n) - a_n]$, que é o mesmo que afirmar que $\lim b_n$ existe, pois $(a_n + b_n) - a_n = b_n$. Temos uma contradição. Logo, $\lim(a_n + b_n)$ não existe.

d) Falso. Por exemplo, tome $a_n = (-1)^n$. A sequência (a_n), que cumpre a condição $\lim |a_n| = 1$, é, neste caso, divergente. Logo, nem $\lim a_n = 1$, nem $\lim a_n = -1$.

e) Falso. Tome $a_n = (-1)^n$. Note que

$$(-1)^n - (-1)^{n+2} = (-1)^n - (-1)^2(-1)^n = 0$$

e

$$(-1)^n - (-1)^{n+1} = (-1)^n - (-1)(-1)^n = 2(-1)^n.$$

Logo, $\lim(a_n - a_{n+2}) = 0$, mas $\lim(a_n - a_{n+1})$ não existe e, assim, não pode ser nulo.

f) Verdade. Veja o Exercício 2.9 (que é quase o mesmo enunciado).

Solução 2.15

Lembrando que, pelo Exercício 1.23(b), $1 + 3 + 5 + \cdots + (2n-1) = n^2$, temos

$$\begin{aligned}\frac{1}{1-n^2} + \frac{3}{1-n^2} + \frac{5}{1-n^2} + \cdots + \frac{2n-1}{1-n^2} &= \frac{1+3+5+\cdots+(2n-1)}{1-n^2} \\ &= \frac{n^2}{1-n^2} \\ &= \frac{1}{\frac{1}{n^2}-1}.\end{aligned}$$

Além disso,

$$\lim \frac{1}{\frac{1}{n^2}-1} = \frac{1}{\lim \frac{1}{n^2} - 1} = \frac{1}{0-1} = -1.$$

Portanto, $P = -1$.

Solução 2.17

Se $a = 1$, então $\sqrt[n]{a} = 1$ para todo $n \in \mathbb{N}$. Neste caso, $\lim \sqrt[n]{a} = 1$
Se $a > 1$, então $\sqrt[n]{a} > \sqrt[n]{1} = 1$. Logo, $\sqrt[n]{a} > 1$. Neste caso, para cada $n \in \mathbb{N}$, existe $x_n > 0$ tal que $x_n = \sqrt[n]{a} - 1$. Assim,

$$a = (1 + x_n)^n \geq 1 + nx_n,$$

de onde $x_n \leq (a-1)\frac{1}{n}$. Como

$$0 < x_n \leq (a-1)\frac{1}{n}$$

e

$$0 = \lim 0 = \lim (a-1)\frac{1}{n},$$

pelo Teorema do Confronto, temos $\lim x_n = 0$, ou seja, $\lim(\sqrt[n]{a}-1) = 0$. Portanto, $\lim \sqrt[n]{a} = 1$.
Por fim, se $0 < a < 1$, então $\frac{1}{a} > 1$. Pelo que acabamos de demonstrar, $\lim \sqrt[n]{\frac{1}{a}} = 1$, ou seja, $\lim \frac{1}{\sqrt[n]{a}} = 1$. Mas

$$1 = \frac{1}{1} = \frac{\lim 1}{\lim \frac{1}{\sqrt[n]{a}}} = \lim \frac{1}{\frac{1}{\sqrt[n]{a}}} = \lim \sqrt[n]{a},$$

e, consequentemente, $\lim \sqrt[n]{a} = 1$.

Solução 2.19

Se admitirmos que $\lim a_n$ existe e é igual a a, então $\lim a_{n-1} = a$, tendo em vista que (a_{n-1}), com $n \geq 2$, é uma subsequência de (a_n). Assim, da igualdade $a_n = \frac{1}{2}(a_{n-1} + \frac{9}{a_{n-1}})$, válida para todo $n \geq 2$, temos

$$\lim a_n = \frac{1}{2}\left(\lim a_{n-1} + \frac{9}{\lim a_{n-1}}\right),$$

ou seja, $a = \frac{1}{2}(a + \frac{9}{a})$, que é equivalente a $a^2 = 9$. Supondo $a_n > 0$ para todo $n \in \mathbb{N}$, o que é de se imaginar, concluímos que $a = 3$. Necessitamos demonstrar a veracidade de nossas suposições. Pelo Teorema de Bolzano, basta provar que (a_n) é monótona e limitada. Calculando os primeiros termos dessa sequência, temos $a_1 = 9$, $a_2 = 5$ e $a_3 = 3,4$. Desconfiando de seu decrescimento estrito, e sabendo que, se existe, o seu limite é 3, conjecturamos que

$$3 < a_n \leq 9$$

para todo $n \in \mathbb{N}$. De fato, $a_1 = 9$ e, assim, as desigualdades são verdadeiras para $n = 1$. Se $3 < a_n \leq 9$ para algum $n \in \mathbb{N}$, então $a_n \leq 9$ e $\frac{9}{a_n} < 9$. Consequentemente,

$$a_{n+1} = \frac{1}{2}\left(a_n + \frac{9}{a_n}\right) < \frac{1}{2}(9+9) = 9,$$

e assim, $a_{n+1} \leq 9$. Além disso, $a_{n+1} > 3$, pois, se fosse $a_{n+1} \leq 3$, então teríamos

$$a_{n+1} \leq 3 \iff \frac{1}{2}\left(a_n + \frac{9}{a_n}\right) \leq 3 \iff a_n^2 + 9 \leq 6a_n \iff (a_n - 3)^2 \leq 0$$

e de $(a_n - 3)^2 \leq 0$, encontraríamos $a_n = 3$, contradizendo a hipótese $a_n > 3$. Portanto, $3 < a_{n+1} \leq 9$ e, pelo PIF, as desigualdades

$3 < a_n \leq 9$ são verdadeiras para todo $n \in \mathbb{N}$. Isto mostra que a sequência (a_n) é limitada. Em particular, cada um de seus termos é positivo. Para mostrar a sua monotonicidade, basta fazer

$$a_{n+1} - a_n = \frac{1}{2}\left(a_n + \frac{9}{a_n}\right) - a_n = \frac{9 - a_n^2}{2a_n} = \frac{\overbrace{(3 - a_n)}^{<0}\overbrace{(3 + a_n)}^{>0}}{\underbrace{2a_n}_{>0}} < 0,$$

o que nos dá $a_{n+1} < a_n$.

Logo, (x_n) é monótona e limitada. Portanto, pelo Teorema de Bolzano, ela é convergente e, como vimos, $\lim a_n = 3$.

Solução 2.21

Admita que $0 \leq \ln\big(\sqrt{n}\big) < \sqrt{n}$ para todo $n \in \mathbb{N}$. Como

$$\ln\big(\sqrt{n}\big) = \ln\big(n^{1/2}\big) = \frac{1}{2}\ln(n)$$

e $\sqrt{n} = \frac{n}{\sqrt{n}}$, obtemos $0 \leq \frac{1}{2}\ln(n) < \frac{n}{\sqrt{n}}$, de onde $0 \leq \frac{\ln(n)}{n} < \frac{2}{\sqrt{n}}$. Mas $\lim 0 = \lim \frac{2}{\sqrt{n}} = 0$. Portanto, pelo Teorema do Confronto, $\lim \frac{\ln(n)}{n} = 0$.

Solução 2.23

Como demonstrado no Exemplo 2.4.1, $(1 + \frac{1}{n})^n < 3$ para todo $n \in \mathbb{N}$. Assim,

$$n \geq 3 \text{ e } 3 > (1 + \frac{1}{n})^n \implies n > (1 + \frac{1}{n})^n \implies n > \frac{(n+1)^n}{n^n} \implies$$
$$\implies n^{n+1} > (n+1)^n \implies \sqrt[n]{n} > \sqrt[n+1]{n+1}.$$

Portanto, a sequência é decrescente a partir do terceiro termo. Note também que, para todo $n \in \mathbb{N}$, $\sqrt[n]{n} \geq \sqrt[n]{1} = 1$. Assim, a sequência é limitada inferiormente por 1. Logo, seu limite existe. Temos $a = \lim(\sqrt[n]{n}) \leq 1$.

Como $(\sqrt[2n]{2n})$ é uma subsequência de $(\sqrt[n]{n})$, segue-se que $\lim(\sqrt[2n]{2n}) = a$. Além disso, vale $\sqrt[2n]{2n} \cdot \sqrt[2n]{2n} = \sqrt[n]{2n} = \sqrt[n]{2} \cdot \sqrt[n]{n}$, de onde
$\sqrt[2n]{2n} \cdot \sqrt[2n]{2n} = \sqrt[n]{2} \cdot \sqrt[n]{n}$. Do Exercício 2.17, $\lim(\sqrt[n]{2}) = 1$. Logo,

$$\lim(\sqrt[2n]{2n}) \cdot \lim(\sqrt[2n]{2n}) = \lim(\sqrt[n]{2}) \cdot \lim(\sqrt[n]{n}),$$

isto é, $a \cdot a = 1 \cdot a$. Como $a \geq 1$, concluímos que $a = 1$, ou seja, $\lim \sqrt[n]{n} = 1$.

Solução 2.25

Temos

$$x_1 = 1 \text{ e } x_n = \sqrt{1 + x_{n-1}} \text{ para todo } n \geq 2.$$

Facilmente prova-se pelo PIF que $x_n > 0$ para todo $n \in \mathbb{N}$. Por isso, a igualdade $x_n = \sqrt{1 + x_{n-1}}$, válida para cada $n \geq 2$, é equivalente a $x_n^2 = 1 + x_{n-1}$. Assim, se $\lim x_n = a$, então $a \geq 0$ (pois $x_n > 0$) e $(\lim x_n)^2 = 1 + \lim x_{n-1}$, ou seja, $a^2 = 1 + a$. A única solução não negativa desta equação é $a = \frac{1+\sqrt{5}}{2}$, que é o valor de $\lim x_n$ caso este exista. A seguir, mostramos a existência desse limite.

A sequência (x_n) é crescente. Com efeito, $x_1 = 1 < \sqrt{2} = x_2$. Logo, $x_1 < x_2$. Se $x_n < x_{n+1}$ para algum $n \in \mathbb{N}$, então $1 + x_n < 1 + x_{n+1}$ e, assim, $\sqrt{1 + x_n} < \sqrt{1 + x_{n+1}}$, ou seja, $x_{n+1} < x_{n+2}$. Logo, pelo PIF, a sequência é crescente.

A sequência (x_n) é limitada superiormente por $\frac{1+\sqrt{5}}{2}$. Note que

$$x_1 = 1 < \frac{1+2}{2} = \frac{1+\sqrt{4}}{2} < \frac{1+\sqrt{5}}{2}.$$

Logo, $x_1 < \frac{1+\sqrt{5}}{2}$. Se, para algum $n \in \mathbb{N}$, $x_n < \frac{1+\sqrt{5}}{2}$, então

$$x_{n+1} = \sqrt{1 + x_n} < \sqrt{1 + \frac{1+\sqrt{5}}{2}} = \sqrt{\frac{3+\sqrt{5}}{2}} = \sqrt{\frac{6+2\sqrt{5}}{4}} =$$

$$= \frac{\sqrt{(\sqrt{5})^2 + 1 + 2\sqrt{5}}}{2} = \frac{\sqrt{(1+\sqrt{5})^2}}{2} = \frac{1+\sqrt{5}}{2}$$

e, assim, $x_{n+1} < \frac{1+\sqrt{5}}{2}$. Logo, pelo PIF, todos os termos da sequência são menores do que $\frac{1+\sqrt{5}}{2}$.

Portanto, (x_n) é crescente e limitada superiormente e, pelo Teorema de Bolzano, o seu limite existe. Como vimos $\lim x_n = \frac{1+\sqrt{5}}{2}$.

Solução 2.27

A sequência (x_n) fica definida pondo

$$x_1 = \sqrt{2} \text{ e } x_n = \sqrt{2x_{n-1}} \text{ para todo } n \geq 2.$$

Pelo PIF, podemos facilmente verificar que todos os termos dessa sequência são positivos e maiores do que ou iguais a $\sqrt{2}$. Assim, $x_n = \sqrt{2x_{n-1}}$, verdadeira para cada $n \geq 2$, é equivalente a $x_n^2 = 2x_{n-1}$. Se $\lim x_n = a$, então

$$(\lim x_n)^2 = 2 \lim x_{n-1},$$

ou seja, $a^2 = 2a$. Como $x_n \geq \sqrt{2}$ para todo $n \in \mathbb{N}$, temos $a \geq 0$. Logo, $a = 2$. Resta mostrar que $\lim x_n$ existe.
A sequência (x_n) é crescente. Com efeito, $1 < \sqrt{2}$ implica $2 < 2\sqrt{2}$, que por sua vez implica $\sqrt{2} < \sqrt{2\sqrt{2}}$. Logo, $x_1 < x_2$. Se para algum $n \in \mathbb{N}$, $x_n < x_{n+1}$, então $2x_n < 2x_{n+1}$, o que implica $\sqrt{2x_n} < \sqrt{2x_{n+1}}$. Logo, $x_{n+1} < x_{n+2}$. Assim, pelo PIF, a sequência é crescente.
Para todo $n \in \mathbb{N}$, $x_n < 2$. De fato, $x_1 = \sqrt{2} < \sqrt{4} = 2$. Logo, $x_1 < 2$. Se $x_n < 2$ para algum $n \in \mathbb{N}$, então

$$x_{n+1} = \sqrt{2x_n} < \sqrt{2 \cdot 2} = 2,$$

de onde $x_{n+1} < 2$. Assim, pelo PIF, $x_n < 2$ para todo $n \in \mathbb{N}$, e isso implica que (x_n) é limitada superiormente. Portanto, $\lim x_n$ existe e, como vimos, é igual à 2.

Solução 2.29

Vamos assumir que, para todo $n \in \mathbb{N}$, valem as desigualdades

$$\frac{1}{n+1} < \ln\left(\frac{n+1}{n}\right) < \frac{1}{n}.$$

Apenas para tornar a escrita mais compacta, defina

$$h_n = 1 + \frac{1}{2} + \frac{1}{3} + \cdots + \frac{1}{n}.$$

Vamos mostrar que a sequência (x_n) é crescente e limitada superiormente. Com efeito, sabendo que $\frac{1}{n+1} > \ln[\frac{(n+1)+1}{n+1}] = \ln\left(\frac{n+2}{n+1}\right)$, temos

$$x_{n+1} - x_n = [h_{n+1} - \ln(n+2)] - [h_n - \ln(n+1)] = \frac{1}{n+1} + \ln\left(\frac{n+1}{n+2}\right) >$$
$$> \ln\left(\frac{n+2}{n+1}\right) + \ln\left(\frac{n+1}{n+2}\right) = \ln\left(\frac{n+2}{n+1} \cdot \frac{n+1}{n+2}\right) = \ln 1 = 0.$$

Portanto, $x_{n+1} > x_n$, ou seja, (x_n) é crescente.
Para mostrar que (x_n) é limitada superiormente, somamos membro a membro todas as desigualdades

$$\frac{1}{i+1} < \ln\left(\frac{i+1}{i}\right)$$

na qual i verifica $1 \leq i \leq n$. Temos

$$\begin{aligned} \frac{1}{2} &< \ln 2, \\ \frac{1}{3} &< \ln \frac{3}{2}, \ldots \\ \ldots, \frac{1}{n} &< \ln\left(\frac{n}{n-1}\right), \\ \frac{1}{n+1} &< \ln\left(\frac{n+1}{n}\right), \end{aligned}$$

das quais, vem

$$\frac{1}{2} + \frac{1}{3} + \cdots + \frac{1}{n} + \frac{1}{n+1} < \ln 2 + \ln \frac{3}{2} + \ln\left(\frac{n}{n-1}\right) + \ln\left(\frac{n+1}{n}\right),$$

ou seja,

$$h_n + \frac{1}{n+1} - 1 < \ln\left(2 \cdot \frac{3}{2} \cdot \ldots \cdot \frac{n}{n-1} \cdot \frac{n+1}{n}\right),$$

que é o mesmo que

$$h_n + \frac{1}{n+1} - 1 < \ln(n+1).$$

Logo, $h_n - \ln(n+1) < 1 - \frac{1}{n+1}$. Mas $x_n = h_n - \ln(n+1)$ e $1 - \frac{1}{n+1} < 1$ e, por isso, $x_n < 1$, o que significa que (x_n) é limitada superiormente.
Portanto, pelo Teorema de Bolzano, segue que a sequência (x_n) é convergente, uma vez que ela é crescente e limitada superiormente.

Solução 2.31

Sabendo que $\sqrt[n]{n} \geq 1$ para todo $n \in \mathbb{N}$, temos $\sqrt[n]{\sqrt[n]{n}} \geq \sqrt[n]{1} = 1$. Logo, sempre temos $\sqrt[n]{\sqrt[n]{n}} \geq 1$. Assim, defina $x_n = \sqrt[n]{\sqrt[n]{n}} - 1$. Note que $x_n \geq 0$. Temos

$$\sqrt[n]{\sqrt[n]{n}} = 1 + x_n \iff \sqrt[n]{n} = (1+x_n)^n \iff n = (1+x_n)^{n^2}.$$

Assim, pela Desigualdade de Bernoulli, $n = (1+x_n)^{n^2} \geq 1 + n^2 x_n$ e, devido a isso, $x_n \leq (n-1)\frac{1}{n^2}$. Como $0 \leq x_n \leq (n-1)\frac{1}{n^2} = \frac{1}{n} - \frac{1}{n^2}$ e $\lim 0 = \lim(\frac{1}{n} - \frac{1}{n^2}) = 0$, obtemos $\lim x_n = 0$ pelo Teorema do Confronto. Logo, $\lim(\sqrt[n]{\sqrt[n]{n}} - 1) = 0$. Portanto, $\lim \sqrt[n]{\sqrt[n]{n}} = 1$.

Solução alternativa 1: Note que, para todo $n \in \mathbb{N}$, $\sqrt[n]{\sqrt[n]{n}} = \sqrt[n^2]{n}$. O índice n^2 na raiz nos faz conjecturar que a subsequência $(\sqrt[n^2]{n^2})$ da sequência $(\sqrt[n]{n})$ do Exercício 1.23 nos leva à igualdade $\lim \sqrt[n]{\sqrt[n]{n}} = 1$. Ora, pelo Exercício 2.23, $\lim \sqrt[n]{n} = 1$. Logo, a subsequência $(\sqrt[n^2]{n^2})$ converge para 1. Mas, para todo

$n \in \mathbb{N}$,

$$\sqrt[n^2]{n^2} = \sqrt[n]{\sqrt[n]{n \cdot n}} = \sqrt[n]{\sqrt[n]{n}} \cdot \sqrt[n]{\sqrt[n]{n}} = (\sqrt[n]{\sqrt[n]{n}})^2.$$

Assim, $\lim(\sqrt[n]{\sqrt[n]{n}})^2 = 1$. Como vimos no Exercício 2.23, $\sqrt[n]{n} \geq 1$. Logo, $\sqrt[n]{\sqrt[n]{n}} \geq 1$. Multiplicando os dois lados desta desigualdade por $\sqrt[n]{\sqrt[n]{n}}$, encotramos $(\sqrt[n]{\sqrt[n]{n}})^2 \geq \sqrt[n]{\sqrt[n]{n}}$. Assim, para todo $n \in \mathbb{N}$,

$$1 \leq \sqrt[n]{\sqrt[n]{n}} \leq (\sqrt[n]{\sqrt[n]{n}})^2.$$

Como $\lim 1 = \lim(\sqrt[n]{\sqrt[n]{n}})^2 = 1$, obtemos $\lim \sqrt[n]{\sqrt[n]{n}} = 1$ pelo Teorema do Confronto.

Solução alternativa 2: Temos, para todo $n \in \mathbb{N}$,

$$1 \leq n \leq n^n \implies 1 \leq \sqrt[n]{n} \leq n \implies 1 \leq \sqrt[n]{\sqrt[n]{n}} \leq \sqrt[n]{n}.$$

Mas, pelo Exercício 2.23, $\lim \sqrt[n]{n} = 1$. Logo, como $\lim 1 = 1$, temos $\lim \sqrt[n]{\sqrt[n]{n}} = 1$ pelo Teorema do Confronto.

Solução 2.33

A constante de Euler, o número real e, pode ser definido como sendo o limite

$$e = \lim \left(1 + \frac{1}{n}\right)^n.$$

Tem-se também

$$e = \lim \left(1 + \frac{1}{1!} + \frac{1}{2!} + \cdots + \frac{1}{n!}\right).$$

Sabe-se que e é um número irracional e que ele está compreendido entre $2,718$ e $2,719$. Podemos expressar o número e na forma de fração continuada,

$$e = 2 + \cfrac{1}{1 + \cfrac{1}{2 + \cfrac{2}{3 + \cfrac{3}{4 + \cfrac{4}{5 + \cdots}}}}}.$$

De todas as funções exponenciais, a função e^x, em que $x \in \mathbb{R}$, é a única que é igual à própria derivada.

O número e aparece em problemas que exigem que a taxa de variação de uma certa grandeza g em função do tempo t seja diretamente proporcional à própria grandeza. Em outras palavras, o número e aparece na solução da equação diferencial $g'(t) = \lambda g(t)$, em que λ é uma constante de proporcionalidade não nula. A solução é, pois, $g(t) = Ce^{\lambda t}$, em que C e k são constantes.

Solução 2.35

Como

$$\underbrace{\frac{2}{n^2} + \frac{2}{n^2} + \cdots + \frac{2}{n^2}}_{n \text{ parcelas}} = n \cdot \frac{2}{n^2} = \frac{2}{n}$$

e $\lim \frac{2}{n} = 0$, concluímos que $\lim \left(\underbrace{\frac{2}{n^2} + \frac{2}{n^2} + \cdots + \frac{2}{n^2}}_{n \text{ parcelas}} \right) = 0.$

Solução 2.37

Como

$$\underbrace{\frac{2}{n} + \frac{2}{n} + \cdots + \frac{2}{n}}_{n \text{ parcelas}} = n \cdot \frac{2}{n} = 2$$

e $\lim 2 = 2$, obtemos $\lim \left(\underbrace{\frac{2}{n} + \frac{2}{n} + \cdots + \frac{2}{n}}_{n \text{ parcelas}} \right) = 2.$

Solução 2.39

Defina (x_n) pondo

$$x_1 = \sqrt{20} \text{ e } x_n = \sqrt{20 + x_{n-1}} \text{ para todo } n \geq 2.$$

Se existe $\lim x_n$, teremos

$$\sqrt{20 + \sqrt{20 + \sqrt{20 + \cdots}}} = \lim x_n.$$

Todos os termos da sequência (x_n) são positivos, e este fato pode ser provado facilmente pelo PIF. De fato, $x_{n+1} = \sqrt{20 + x_n} > 0$ sempre que $x_n > 0$. Como $x_1 > 0$, segue-se pelo PIF que $x_n > 0$ para todo $n \in \mathbb{N}$. Desse fato, concluímos que, para cada $n \geq 2$, as igualdades $x_n = \sqrt{20 + x_{n-1}}$ e $x_n^2 = 20 + x_{n-1}$ são equivalentes. Se existe $\lim x_n$ existe e é igual a a, então $a \geq 0$ e $(\lim x_n)^2 = 20 + \lim x_{n-1}$, isto é, $a^2 = 20 + a$, cuja única não negativa é $a = 5$. Pelo Teorema de Bolzano, para provar a existência de a, é suficiente mostrar que (x_n) é monótona e limitada.

Mostraremos que (x_n) é crescente. Como $20 < 20 + \sqrt{20}$, temos $\sqrt{20} < \sqrt{20 + \sqrt{20}}$, ou seja, $x_1 < x_2$.

Se para algum $n \in \mathbb{N}$, $x_n < x_{n+1}$, então $20 + x_n < 20 + x_{n+1}$ e, consequentemente,

$$\sqrt{20 + x_n} < \sqrt{20 + x_{n+1}},$$

isto é, $x_{n+1} < x_{n+2}$. Portanto, pelo PIF, a sequência (x_n) é crescente.

Por fim, vamos mostrar que (x_n) é limitada superiormente por 5 (o suposto limite). Ora, $x_1 = \sqrt{20} = \sqrt{4 \cdot 5} < \sqrt{5 \cdot 5} = 5$. Logo, $x_1 < 5$. Se $x_n < 5$ para algum $n \in \mathbb{N}$, então

$$x_{n+1} = \sqrt{20 + x_n} < \sqrt{20 + 5} = \sqrt{25} = 5.$$

Assim, $x_{n+1} < 5$. Portanto, pelo PIF, $x_n < 5$ para todo $n \in \mathbb{N}$. Com isso, podemos concluir que x_n convergente para 5 e, portanto,

$$\sqrt{20 + \sqrt{20 + \sqrt{20 + \cdots}}} = 5.$$

Solução 2.41

Sabemos, pelo Exercício 1.19(b), que $F_{n+1} \cdot F_{n-1} - F_n^2 = (-1)^n$ para todo $n \in \mathbb{N}$. Logo, podemos escrever

$$1 + \frac{(-1)^n}{F_n^2} = \frac{F_n^2 + (-1)^n}{F_n^2} = \frac{F_{n+1} \cdot F_{n-1}}{F_n^2}.$$

Assim, lembrando que $F_1 = F_2 = 1$,

$$\prod_{i=2}^{n} \left[1 + \frac{(-1)^i}{F_i^2}\right] = \prod_{i=2}^{n} \frac{F_{i+1} \cdot F_{i-1}}{F_i^2} =$$

$$= \frac{F_3 \cdot F_1}{F_2^2} \cdot \frac{F_4 \cdot F_2}{F_3^2} \cdot \frac{F_5 \cdot F_3}{F_4^2} \cdot \ldots \cdot \frac{F_{n+1} \cdot F_{n-1}}{F_n^2} = \frac{F_1}{F_2} \cdot \frac{F_{n+1}}{F_n} = \frac{F_{n+1}}{F_n},$$

de onde

$$\prod_{i=2}^{n} \left[1 + \frac{(-1)^i}{F_i^2}\right] = \frac{F_{n+1}}{F_n}.$$

Para comprovar a validade da igualdade acima, pode-se facilmente demonstrar pelo PIF que

$$\prod_{i=2}^{n} \frac{F_{i+1} \cdot F_{i-1}}{F_i^2} = \frac{F_{n+1}}{F_n}$$

para todo $n \in \mathbb{N}$.

Do Exemplo 1.4.5, temos $F_n = \frac{\alpha^n - \beta^n}{\alpha - \beta}$ para todo $n \in \mathbb{N} \cup \{0\}$, em que $\alpha = \frac{1+\sqrt{5}}{2}$ e $\beta = \frac{1-\sqrt{5}}{2}$. Sabendo disso, encontramos, para todo $n \geq 2$, que

$$\frac{F_{n+1}}{F_n} = \frac{\alpha^{n+1} - \beta^{n+1}}{\alpha^n - \beta^n} = \frac{\alpha - \beta(\beta/\alpha)^n}{1 - (\beta/\alpha)^n}.$$

Como

$$\begin{aligned} |\beta/\alpha| &= |1 - \sqrt{5}|/(1 + \sqrt{5}) \\ &= (\sqrt{5} - 1)/(1 + \sqrt{5}) \\ &< (\sqrt{9} - 1)/(1 + \sqrt{5}) \\ &= 2/(1 + \sqrt{5}) \\ &< 2/(1 + 1) = 1, \end{aligned}$$

temos, pelo Exercício 2.11(b), $\lim(\beta/\alpha)^n = 0$. Logo, $\lim \frac{F_{n+1}}{F_n} = \alpha$ e, portanto,

$$\prod_{n=2}^{+\infty} \left[1 + \frac{(-1)^n}{F_n^2}\right] = \frac{1 + \sqrt{5}}{2}.$$

Solução 2.43

Como $0 < 1 - \frac{1}{2^n} < 1$ para todo $n \in \mathbb{N}$, sempre temos $0 < x_n < 1$. Sabendo que

$$\frac{x_{n+1}}{x_n} = 1 - \frac{1}{2^{n+1}} < 1,$$

temos $0 < x_{n+1} < x_n$ para todo $n \in \mathbb{N}$. Logo, a sequência (x_n) é limitada inferiormente e decrescente. Portanto, pelo Teorema de Bolzano, ela é convergente.

Solução 2.45

Usaremos a proposição do Exemplo 2.3.15.

Defina $x_n = \frac{n^k}{a^n}$. Temos $x_n > 0$. Assim,

$$\frac{x_{n+1}}{x_n} = \frac{(n+1)^k}{a^{n+1}} \cdot \frac{a^n}{n^k} = \frac{(n+1)^k}{a \cdot a^n} \cdot \frac{a^n}{n^k} = \frac{1}{a} \cdot \frac{(n+1)^k}{n^k} = \frac{1}{a} \cdot \left(1 + \frac{1}{n}\right)^k$$

e

$$\lim[\frac{1}{a} \cdot \left(1 + \frac{1}{n}\right)^k] = \frac{1}{a} \cdot \left(1 + \lim \frac{1}{n}\right)^k = \frac{1}{a} < 1,$$

pois $a > 1$. Portanto, $\lim x_n = 0$, isto é, $\lim \frac{n^k}{a^n} = 0$.
Defina $y_n = \frac{a^n}{n!}$. Temos $y_n > 0$,

$$\frac{y_{n+1}}{y_n} = \frac{a^{n+1}}{(n+1)!} \cdot \frac{n!}{a^n} = \frac{a \cdot a^n}{(n+1)n!} \cdot \frac{n!}{a^n} = \frac{a}{n+1}$$

e $\lim \frac{a}{n+1} = 0 < 1$. Portanto, $\lim y_n = 0$, isto é, $\lim \frac{a^n}{n!} = 0$.
Defina $z_n = \frac{n!}{n^n}$. Temos $z_n > 0$,

$$\frac{z_{n+1}}{z_n} = \frac{(n+1)!}{(n+1)^{n+1}} \cdot \frac{n^n}{n!} = \frac{(n+1)n!}{(n+1)(n+1)^n} \cdot \frac{n^n}{n!} = \frac{n^n}{(n+1)^n} = \frac{1}{(1+\frac{1}{n})^n}$$

e $\lim \frac{1}{(1+\frac{1}{n})^n} = \frac{1}{e} < 1$. Portanto, $\lim z_n = 0$, ou seja, $\lim \frac{n!}{n^n} = 0$.
Por fim, pondo $w_n = \frac{1}{n!}$, temos $w_n > 0$ e

$$\frac{w_{n+1}}{w_n} = \frac{1}{(n+1)!} \cdot \frac{n!}{1} = \frac{1}{(n+1)n!} \cdot n! = \frac{1}{n+1}. \tag{4.5}$$

Mas $\lim \frac{1}{n+1} = 0 < 1$. Portanto, $\lim \frac{1}{n!} = 0$.

4.3 Capítulo 3

Solução 3.1

Note que $s_{2^1} = s_2 = 1 + \frac{1}{2}$. Logo, a desigualdade $s_{2^n} \geq 1 + \frac{n}{2}$ é verdadeira para $n = 1$. Suponha que ela seja verdadeira para um certo $n \in \mathbb{N}$. Então $s_{2^n} \geq 1 + \frac{n}{2}$. Temos

$$s_{2^{n+1}} = s_{2\cdot 2^n} = s_{2^n+2^n} = s_{2^n} + \frac{1}{2^n+1} + \frac{1}{2^n+2} + \cdots + \frac{1}{2^n+2^n} \geq$$
$$\geq s_{2^n} + 2^n \cdot \frac{1}{2^n+2^n} = s_{2^n} + \frac{1}{2} \geq \left(1 + \frac{n}{2}\right) + \frac{1}{2} = 1 + \frac{n+1}{2},$$

de onde $s_{2^{n+1}} \geq 1 + \frac{n+1}{2}$. Logo, a desigualdade é verdadeira para $n+1$. Portanto, pelo PIF, ela é verdadeira para todo $n \in \mathbb{N}$.
Por fim, como $\lim(1 + \frac{n+1}{2}) = +\infty$ e $s_{2^n} \geq 1 + \frac{n}{2}$, concluímos que a subsequência (s_{2^n}) da sequência (s_n) diverge para $+\infty$. Portanto, (s_n) diverge, isto é, a série $\sum \frac{1}{n}$ é divergente.

Solução 3.3

Note que, para todo número natural $n \geq 4$, $n \geq 2\sqrt{n}$ (pois $n \geq 2\sqrt{n} \iff \sqrt{n}\cdot\sqrt{n} \geq 2\sqrt{n} \iff \sqrt{n} \geq 2 \iff n \geq 4$). Assim, sempre que $n \geq 4$,

$$0 < \sqrt{n} + \sqrt{n-1} < \sqrt{n} + \sqrt{n} = 2\sqrt{n} \leq n,$$

de onde

$$0 < \frac{1}{n} < \frac{1}{\sqrt{n} + \sqrt{n-1}}$$

sempre que $n \geq 4$. Sabendo disso, vem

$$0 < \sum_{i=1}^{n} \frac{1}{i} = 1 + \frac{1}{2} + \frac{1}{3} + \sum_{i=4}^{n} \frac{1}{i} < 1 + \frac{1}{2} + \frac{1}{3} + \sum_{i=4}^{n} \frac{1}{\sqrt{i} + \sqrt{i-1}} <$$
$$< 1 + \frac{1}{2} + \frac{1}{3} + \sum_{i=1}^{3} \frac{1}{\sqrt{i} + \sqrt{i-1}} + \sum_{i=4}^{n} \frac{1}{\sqrt{i} + \sqrt{i-1}} =$$
$$= 1 + \frac{1}{2} + \frac{1}{3} + \sum_{i=1}^{n} \frac{1}{\sqrt{i} + \sqrt{i-1}},$$

de onde

$$0 < \sum_{i=1}^{n} \frac{1}{i} < 1 + \frac{1}{2} + \frac{1}{3} + \sum_{i=1}^{n} \frac{1}{\sqrt{i} + \sqrt{i-1}}.$$

A convergência de $\sum \frac{1}{\sqrt{n}+\sqrt{n-1}}$ implica, graças às desigualdades acima, a convergência de $\sum \frac{1}{n}$, um absurdo. De fato, se $\sum \frac{1}{\sqrt{n}+\sqrt{n-1}}$ converge para um número real s, então, como seus termos crescem estritamente, eles são limitados superiormente por s, o que implica que os termos da série $\sum \frac{1}{n}$, os quais crescem estritamente, estão limitados superiormente por
$1 + \frac{1}{2} + \frac{1}{3} + s$, implicando a convergência de $\sum \frac{1}{n}$, uma contradição, já que esta série diverge.

Solução 3.5

Note que $\sum_{i=1}^{n} \frac{1}{i(i+1)} < 1$, uma vez que $\sum \frac{1}{n(n+1)} = 1$ e todos os termos desta série crescem estritamente. Com isso em mente, temos

$$\begin{aligned}
0 < \sum_{i=1}^{n} \frac{1}{i^2} &= 1 + \left(\frac{1}{2^2} + \frac{1}{3^2} + \cdots + \frac{1}{n^2}\right) < \\
&< 1 + \left[\frac{1}{1\cdot 2} + \frac{1}{2\cdot 3} + \cdots + \frac{1}{(n-1)n}\right] < \\
&< 1 + \left[\frac{1}{1\cdot 2} + \frac{1}{2\cdot 3} + \cdots + \frac{1}{(n-1)n} + \frac{1}{n(n+1)}\right] = \\
&= 1 + \sum_{i=1}^{n} \frac{1}{i(i+1)} < 1 + 1 = 2,
\end{aligned}$$

de onde

$$0 < \sum_{i=1}^{n} \frac{1}{i^2} < 2.$$

Isso significa que os termos da série $\sum \frac{1}{n^2}$, os quais crescem estritamente, estão limitados superiormente por 2. Portanto, $\sum \frac{1}{n^2}$ é convergente.

Pelo PIF, pode ser demonstrado sem muita dificuldade que $\frac{n!}{n^n} \leq 1$ para todo $n \in \mathbb{N}$ e que $\frac{n!}{n^n} < \frac{1}{n^2}$ para todo número natural $n \geq 5$. Sabendo disso, temos

$$0 < \sum_{i=1}^{n} \frac{i!}{i^i} = \sum_{i=1}^{4} \frac{i!}{i^i} + \sum_{i=5}^{n} \frac{i!}{i^i} \leq 4 + \sum_{i=5}^{n} \frac{1}{i^2} <$$
$$< 4 + \sum_{i=1}^{4} \frac{1}{i^2} + \sum_{i=5}^{n} \frac{1}{i^2} = 4 + \sum_{i=1}^{n} \frac{1}{i^2} < 4 + 2 = 6,$$

de onde

$$0 < \sum_{i=1}^{n} \frac{i!}{i^i} < 6.$$

Como $\sum \frac{n!}{n^n}$ é uma série com termos estritamente crescentes e limitados superiormente por 6, ela é convergente.
Por fim, admitindo (prova-se facilmente utilizando o PIF) que $n^r \geq n^2$ para todo $n \in \mathbb{N}$ e todo número real $r > 2$, temos $0 < \frac{1}{n^r} \leq \frac{1}{n^2}$. Como $\sum \frac{1}{n^2}$ é convergente, o Teste da Comparação garante que $\sum \frac{1}{n^r}$ $(r > 0)$ é convergente.

Solução 3.7

Temos, para todo a real e todo n natural, $\frac{1}{(a+n)(a+n+1)} = \frac{1}{a+n} - \frac{1}{a+n+1}$ (com a evidente restrição $(a+n)(a+n+1) \neq 0$). Consequentemente,

$$\sum_{i=1}^{n} \frac{1}{(a+i)(a+i+1)} = \sum_{i=1}^{n} \left(\frac{1}{a+n} - \frac{1}{a+n+1} \right) =$$
$$= \left(\frac{1}{a+1} - \frac{1}{a+2} \right) + \left(\frac{1}{a+2} - \frac{1}{a+3} \right) + \ldots + \left(\frac{1}{a+n} - \frac{1}{a+n+1} \right) =$$
$$= \frac{1}{a+1} - \frac{1}{a+n+1},$$

de onde

$$\sum_{i=1}^{n} \frac{1}{(a+i)(a+i+1)} = \frac{1}{a+1} - \frac{1}{a+n+1}.$$

Como $\lim \frac{1}{a+n+1} = 0$, encontramos $\lim \sum_{i=1}^{n} \frac{1}{(a+i)(a+i+1)} = \frac{1}{a+1}$. Portanto, $\sum_{n=1}^{+\infty} \frac{1}{(a+n)(a+n+1)} = \frac{1}{a+1}$.

Solução 3.9

Vamos usar $a = 1$ no Exercício 3.7. Temos

$$\begin{aligned}\sum_{i=0}^{n} \frac{1}{(i+1)(i+2)} &= \frac{1}{(0+1)(0+2)} + \sum_{i=1}^{n} \frac{1}{(i+1)(i+2)} \\ &= \frac{1}{2} + \sum_{i=1}^{n} \frac{1}{(1+i)(1+i+1)}.\end{aligned}$$

Pelo Exercício 3.7, $\sum_{n=1}^{+\infty} \frac{1}{(1+n)(1+n+1)} = \frac{1}{1+1} = \frac{1}{2}$. Portanto,

$$\lim \sum_{i=0}^{n} \frac{1}{(i+1)(i+2)} = \frac{1}{2} + \frac{1}{2} = 1,$$

ou seja, $\sum_{n=0}^{+\infty} \frac{1}{(n+1)(n+2)} = 1$.

Solução 3.11

Temos

$$\begin{aligned}\sum_{i=1}^{n} a_i &= \sum_{i=1}^{n} [f(i) - f(i+1)] \\ &= [f(1) - f(2)] + [f(2) - f(3)] + \cdots + [f(n) - f(n+1)] \\ &= f(1) - f(n+1) \\ &= a - f(n+1)\end{aligned}$$

Como $\lim f(n+1) = b$, segue-se que $\lim \sum_{i=1}^{n} a_1 = a - b$, ou seja, $\sum_{n=1}^{+\infty} a_n = a - b$.

Solução 3.13

Ora, para todo $n \in \mathbb{N}$, $\frac{1}{4n^2-1} = \frac{1}{2}(\frac{1}{2n-1} - \frac{1}{2n+1})$, pois

$$\frac{1}{2}\left(\frac{1}{2n-1} - \frac{1}{2n+1}\right) = \frac{1}{2} \cdot \frac{(2n+1)-(2n-1)}{(2n-1)(2n+1)} = \frac{1}{2} \cdot \frac{2}{4n^2-1} = \frac{1}{4n^2-1}.$$

Usando esta identidade, temos

$$\sum_{i=1}^{n} \frac{1}{4i^2-1} = \sum_{i=1}^{n} \frac{1}{2}\left(\frac{1}{2i-1} - \frac{1}{2i+1}\right) =$$
$$= \frac{1}{2}\left[\left(1-\frac{1}{3}\right)+\left(\frac{1}{3}-\frac{1}{5}\right)+\left(\frac{1}{5}-\frac{1}{7}\right)+\cdots+\left(\frac{1}{2n-1}-\frac{1}{2n+1}\right)\right] =$$
$$= \frac{1}{2}(1-\frac{1}{2n+1}),$$

de onde $\sum \frac{1}{4n^2-1} = \lim \sum_{i=1}^{n} \frac{1}{4i^2-1} = \frac{1}{2}\lim(1-\frac{1}{2n+1}) = \frac{1}{2}(1-0) = \frac{1}{2}$, ou seja, $\sum_{n=1}^{+\infty} \frac{1}{4n^2-1} = \frac{1}{2}$.

Solução 3.15

Seja $a_n = \frac{1}{n!}$. Como

$$\frac{|a_{n+1}|}{|a_n|} = \frac{1}{(n+1)!}\cdot\frac{n!}{1} = \frac{1}{(n+1)n!}\cdot\frac{n!}{1} = \frac{1}{n+1}$$

e $\lim \frac{1}{n+1} = 0 < 1$, o Teste da Razão nos garante que a série $\sum \frac{1}{n!}$ é convergente.

Solução 3.17

Seja $a_n = \frac{n!}{n^n}$. Então

$$\begin{aligned}\frac{|a_{n+1}|}{|a_n|} &= \frac{(n+1)!}{(n+1)^{n+1}}\cdot\frac{n^n}{n!}\\ &= \frac{(n+1)n!}{(n+1)(n+1)^n}\cdot\frac{n^n}{n!}\\ &= \frac{n^n}{(n+1)^n}\\ &= \frac{1}{\frac{(n+1)^n}{n^n}}\\ &= \frac{1}{(\frac{n+1}{n})^n}\\ &= \frac{1}{(1+\frac{1}{n})^n}.\end{aligned}$$

Como $\lim \frac{1}{(1+\frac{1}{n})^n} = \frac{1}{e} < 1$, o Teste da Razão garante que a série $\sum \frac{n!}{n^n}$ é convergente.

Solução 3.19

Sabendo que, para todo $n \in \mathbb{N}$, $x_n > 0$, ao usarmos a desigualdade entre as médias aritmética e geométrica, encontramos

$$\frac{x_n + x_{n+1}}{2} \geq \sqrt{x_n x_{n+1}} > 0.$$

Sabendo que $\sum x_n$ converge, podemos concluir facilmente que $\sum x_{n+1}$ converge. Logo, por linearidade, a série $\sum \frac{x_n + x_{n+1}}{2}$ é convergente. Portanto, pelo Teste da Comparação, a série $\sum \sqrt{x_n x_{n+1}}$ é convergente.

Solução 3.21

Como $\sum a_n$ é convergente, temos $\lim a_n = 0$. Além disso, $a_n \geq 0$ para todo $n \in \mathbb{N}$. Estes dois fatos garantem a existência de um certo $n_0 \in \mathbb{N}$ tal que $0 \leq a_n < 1$ sempre que $n > n_0$. Logo, multiplicando todos os lados dessas duas desigualdades por a_n, encontramos $0 \leq a_n^2 < a_n$ para todo $n > n_0$. Consequentemente, pelo Teste da Comparação, $\sum a_n^2$ é convergente.

Solução 3.23

Temos, para todo $n \in \mathbb{N}$, $0 \leq (a_n - b_n)^2 = a_n^2 + b_n^2 - 2a_n b_n$, de onde, junto ao fato de que $a_n \geq 0$ e $b_n \geq 0$,

$$0 \leq a_n b_n \leq \frac{1}{2}(a_n^2 + b_n^2).$$

Do Exercício 3.21, sabemos que $\sum a_n^2$ e $\sum b_n^2$ são convergentes. Logo, por linearidade, a série $\sum \frac{1}{2}(a_n^2 + b_n^2)$ é convergente e, consequentemente, pelo Teste da Comparação, a série $\sum a_n b_n$ é convergente.

Solução 3.25

Para todo $n \in \mathbb{N}$, $0 \leq \frac{a_n}{n} \leq a_n$ (a segunda desigualdade é consequência de $\leq \frac{a_n}{n} \leq \frac{a_n}{1} = a_n$). Logo, pelo Teste da Comparação, como $\sum a_n$ é convergente, a série $\sum \frac{a_n}{n}$ é convergente.

Para demonstrar que $\sum \frac{a_n^2}{1+a_n^2}$ é convergente, basta notar que existe um $n_0 \in \mathbb{N}$ tal que $0 \leq a_n < 1$ sempre que $n > n_0$ (isto porque $\lim a_n = 0$). Consequentemente, $0 \leq a_n^2 < a_n$. Além disso, como $a_n^2 \geq 0$, temos
$1 + a_n^2 \geq 1$, de onde $0 < \frac{1}{1+a_n^2} \leq 1$, o que implica $0 < \frac{a_n^2}{1+a_n^2} \leq a_n^2$. Assim, para todo $n > n_0$,

$$0 < \frac{a_n^2}{1+a_n^2} \leq a_n^2 < a_n,$$

e, por isso, podemos aplicar o Teste da Comparação, pelo qual a série $\sum \frac{a_n^2}{1+a_n^2}$ é convergente, uma vez que $\sum a_n$ é convergente.

Solução 3.27

a) Seja $a_n = n^b a^n$. Temos

$$\begin{aligned}\frac{|a_{n+1}|}{|a_n|} &= \frac{(n+1)^b a^{n+1}}{n^b a^n} = \frac{(n+1)^b a^n a}{n^b a^n} = \\ &= \frac{(n+1)^b a}{n^b} = \left(\frac{n+1}{n}\right)^b a = \left(1+\frac{1}{n}\right)^b a.\end{aligned}$$

Como $\lim(1+\frac{1}{n})^b a = (1+\lim \frac{1}{n})^b a = (1+0)^b a = a < 1$, o Teste da Razão nos garante que a série $\sum_{n=1}^{+\infty} n^b a^n$ é convergente.

b) Seja $a_n = \frac{\sqrt{n}}{2^n}$. Então

$$\frac{|a_{n+1}|}{|a_n|} = \frac{\sqrt{n+1}}{2^{n+1}} \cdot \frac{2^n}{\sqrt{n}} = \frac{\sqrt{n+1}}{2 \cdot 2^n} \cdot \frac{2^n}{\sqrt{n}} = \frac{1}{2}\sqrt{\frac{n+1}{n}} = \frac{1}{2}\sqrt{1+\frac{1}{n}}.$$

Como $\lim \frac{1}{2}\sqrt{1+\frac{1}{n}} = \frac{1}{2}\sqrt{1+\lim\frac{1}{n}} = \frac{1}{2}\sqrt{1+0} = \frac{1}{2} < 1$, pelo Teste da Razão, a série $\sum \frac{\sqrt{n}}{2^n}$ é convergente.

c) Seja $a_n = \frac{a^n}{2^{n^2}}$. Então

$$\sqrt[n]{|a_n|} = \sqrt[n]{\frac{a^n}{2^{n^2}}} = \frac{a}{(2^{n^2})^{\frac{1}{n}}} = \frac{a}{2^{n^2 \cdot \frac{1}{n}}} = \frac{a}{2^n}.$$

Como $\lim \frac{a}{2^n} = 0 < 1$, o Teste da Raiz garante que a série $\sum \frac{a^n}{2^{n^2}}$ é convergente.

d) Inicialmente, note que $e < 3$ implica $\ln e < \ln 3$, que implica $1 < \ln 3$. Como a função ln é estritamente crescente, temos $\ln(n) > 1$ para todo número natural $n \geq 3$. Consequentemente, $0 < \frac{1}{n} < \frac{\ln(n)}{n}$ para todo $n \geq 3$. Assim,

$$0 < \sum_{i=1}^{n} \frac{1}{i} = 1 + \frac{1}{2} + \sum_{i=3}^{n} \frac{1}{i} < 1 + \frac{1}{2} + \sum_{i=3}^{n} \frac{\ln(i)}{i} <$$

$$< 1 + \frac{1}{2} + \sum_{i=1}^{n} \frac{\ln(i)}{i},$$

de onde $0 < \sum_{i=1}^{n} \frac{1}{i} < 1 + \frac{1}{2} + \sum_{i=1}^{n} \frac{\ln(i)}{i}$. Dessas desigualdades, vemos que a convergência da série $\sum \frac{\ln(n)}{n}$ implica a convergência da série $\sum \frac{1}{n}$. No entanto, $\sum \frac{1}{n}$ é divergente. Portanto, $\sum \frac{\ln(n)}{n}$ é divergente.

e) Se $\sum \left(\frac{1}{n} - \frac{1}{2^n}\right)$ é convergente, então, como $\sum \frac{1}{2^n}$ é convergente (para ver isto, basta aplicar o Teste da Raiz), a série

$$\sum_{n=1}^{+\infty} \left[\left(\frac{1}{n} - \frac{1}{2^n}\right) + \frac{1}{2^n}\right]$$

é convergente por linearidade. Mas isto é o mesmo que afirmar que $\sum \frac{1}{n}$ é convergente, já que $\left(\frac{1}{n} - \frac{1}{2^n}\right) + \frac{1}{2^n} = \frac{1}{n}$, um absurdo. Portanto, a série $\sum \left(\frac{1}{n} - \frac{1}{2^n}\right)$ é divergente.

f) Notando que, para todo $n \in \mathbb{N}$, $\frac{n^2+2^n}{2^n n^2} = \frac{1}{2^n} + \frac{1}{n^2}$ e sabendo que as séries $\sum \frac{1}{2^n}$ e $\sum \frac{1}{n^2}$ são convergentes, concluímos, por linearidade, que a série $\sum(\frac{1}{2^n} + \frac{1}{n^2})$ é convergente, ou seja, $\sum \frac{n^2+2^n}{2^n n^2}$ é convergente.

Solução 3.29

Uma condição necessária e suficiente é que a P.A. (a_n) tenha todos os termos nulos. De fato, se $a_n = 0$ para todo $n \in \mathbb{N}$, então $\sum_{n=1}^{+\infty} a_0 = \sum_{n=1}^{+\infty} 0 = 0$. Reciprocamente, se $\sum a_n$ converge para um número real s, então, sabendo que $\sum_{i=1}^{n} a_i = \frac{n(a_1+a_n)}{2}$, temos $\lim \frac{n(a_1+a_n)}{2} = s$. Como $\lim \frac{2}{n} = 0$

e $\lim a_n = 0$ (pois $\sum a_n$ é convergente), temos

$$\begin{aligned}0 &= 0 \cdot s \\ &= \lim \frac{2}{n} \cdot \lim \frac{n(a_1 + a_n)}{2} \\ &= \lim \left[\frac{2}{n} \cdot \frac{n(a_1 + a_n)}{2}\right] = \\ &= \lim(a_1 + a_n) \\ &= \lim a_1 + \lim a_n \\ &= a_1,\end{aligned}$$

e, assim, $a_1 = 0$. Resta-nos mostrar que a razão r da P.A. (a_n) é nula. Ora, sabendo que $a_n = a_1 + (n-1)r$ e $a_1 = 0$, obtemos $a_n = (n-1)r$. Mas $s_n = \sum_{i=1}^{n} a_i = \frac{n(a_1+a_n)}{2} = \frac{na_n}{2} = \frac{n(n-1)r}{2}$, de onde $s_n = \frac{n(n-1)r}{2}$. Se $r \neq 0$, então $n(n-1) = \frac{2s_n}{r}$. Como $\lim \frac{2s_n}{r} = \frac{2s}{r}$, chegamos a $\lim[n(n-1)] = \frac{2s}{r}$, um absurdo. Logo, $r = 0$. Portanto, $a_n = 0$ para todo $n \in \mathbb{N}$.

Solução 3.31

Se $\sum \frac{1}{a_n}$ e $\sum \frac{a_n}{n}$ são convergentes, então, pelo Exercício 3.21, $\sum (\frac{1}{a_n})^2$ e $\sum (\frac{a_n}{n})^2$ convergem, isto é, $\sum \frac{1}{a_n^2}$ e $\sum \frac{a_n^2}{n^2}$ convergem. Mas, como é suposto $a_n \neq 0$ (pois este número aparece como denominador), temos $\frac{1}{a_n^2} > 0$ e $\frac{a_n^2}{n^2} > 0$. Assim, pela desigualdade entre as médias aritmética e geométrica, temos

$$\frac{1}{2}(\frac{1}{a_n^2} + \frac{a_n^2}{n^2}) \geq \sqrt{\frac{1}{a_n^2} \cdot \frac{a_n^2}{n^2}} = \frac{1}{n} > 0.$$

Por linearidade, $\sum \frac{1}{2}(\frac{1}{a_n^2} + \frac{a_n^2}{n^2})$ é convergente. Logo, pelo Teste da Comparação, a série $\sum \frac{1}{n}$ é convergente, um absurdo. Portanto, a sequência (a_n) não existe sob as condições mencionadas.

Solução 3.33

a) É o Teorema 3.3.4.

b) É o Exercício 3.21.

c) No Exercício 3.23 foi provado que $0 \leq a_n^2 + b_n^2 - 2a_nb_n$ para todo $n \in \mathbb{N}$. Portanto, $a_n^2 + b_n^2 \geq 2a_nb_n$ para todo $n \in \mathbb{N}$.

d) É a conclusão do Exercício 3.23. Ora, por linearidade $\sum(a_n^2 + b_n^2)$ é convergente. Como

$$0 \leq a_n b_n \leq 2a_n b_n \leq a_n^2 + b_n^2,$$

concluímos que $\sum a_n b_n$ é convergente.

Solução 3.35

a) Temos

$$\left(1+\frac{1}{n}\right)^n < e < \left(1+\frac{1}{n}\right)^{n+1} \iff$$
$$\iff \ln\left(1+\frac{1}{n}\right)^n < \ln e < \ln\left(1+\frac{1}{n}\right)^{n+1} \iff$$
$$n\ln\left(1+\frac{1}{n}\right) < 1 < (n+1)\ln\left(1+\frac{1}{n}\right).$$

De

$$n\ln\left(1+\frac{1}{n}\right) < 1,$$

temos

$$\ln\left(1+\frac{1}{n}\right) < \frac{1}{n}$$

e, assim,

$$0 < \frac{1}{n} - \ln\left(1+\frac{1}{n}\right).$$

Já de

$$1 < (n+1)\ln\left(1+\frac{1}{n}\right),$$

obtemos

$$\frac{1}{n+1} < \ln\left(1+\frac{1}{n}\right),$$

ou ainda

$$-\ln\left(1+\frac{1}{n}\right) < -\frac{1}{n+1}.$$

Somando $\frac{1}{n}$ aos dois lados dessa desigualdade, chegamos a

$$\frac{1}{n} - \ln\left(1+\frac{1}{n}\right) < \frac{1}{n} - \frac{1}{n+1}.$$

Portanto,

$$0 < \frac{1}{n} - \ln\left(1+\frac{1}{n}\right) < \frac{1}{n} - \frac{1}{n+1}.$$

b) Fazendo $i = 1, 2, 3, \ldots, n-1$ nas desigualdades $0 < \frac{1}{i} - \ln\left(\frac{i+1}{i}\right) < \frac{1}{i} - \frac{1}{i+1}$, encontremos

$$0 < 1 - \ln 2 < 1 - \frac{1}{2},$$
$$0 < \frac{1}{2} - \ln\frac{3}{2} < \frac{1}{2} - \frac{1}{3}, \ldots$$
$$\ldots, 0 < \frac{1}{n-1} - \ln\frac{n}{n-1} < \frac{1}{n-1} - \frac{1}{n}.$$

Somando membro a membro as desigualdades acima e lembrando que

$$\ln 2 + \ln\frac{3}{2} + \ln\frac{4}{3} + \cdots + \ln\frac{n}{n-1} = \ln\left(2 \cdot \frac{3}{2} \cdot \frac{4}{3} \cdot \ldots \cdot \frac{n}{n-1}\right) = \ln(n),$$

encontramos

$$0 < 1 + \frac{1}{2} + \frac{1}{3} + \cdots + \frac{1}{n-1} - \ln(n) < 1 - \frac{1}{n}. \tag{4.6}$$

Somando $\frac{1}{n}$ a todos os membros dessas desigualdades, obtemos e, logo após, dividindo todos os membros das novas desigualdades por $\ln(n)$, finalmente obtemos

$$\frac{1}{n\ln(n)} < \frac{h_n}{\ln(n)} - 1 < \frac{1}{ln(n)}.$$

Como $\lim \frac{1}{n\ln(n)} = \lim \frac{1}{\ln(n)} = 0$, vem $\lim(\frac{h_n}{\ln(n)} - 1) = 0$ e, portanto,

$$\lim \frac{h_n}{\ln(n)} = 1.$$

De (4.6), temos $0 < 1 + \frac{1}{2} + \frac{1}{3} + \cdots + \frac{1}{n-1} - \ln(n)$, da qual, ao somarmos $\ln(n) + \frac{1}{n}$ aos seus dois lados, encontramos $\ln(n) + \frac{1}{n} < h_n$. Mas $\ln(n) < \ln(n) + \frac{1}{n}$. Logo

$$\ln(n) < h_n.$$

De $\lim \ln(n) = +\infty$, obtemos $\lim h_n = +\infty$. Portanto, $\sum \frac{1}{n}$ é divergente.

c) Somando $\frac{1}{n}$ a todos os membros das desigualdades (4.6) e notando que $\frac{1}{n} > 0$ para todo $n \in \mathbb{N}$, encontramos

$$0 < h_n - \ln n < 1.$$

Logo, a sequência (x_n) definida por $x_n = h_n - \ln(n)$ é limitada. Para provar que seu limite existe, resta-nos mostrar que ela é uma sequência monótona. Para ver isso, lembre-se que $\frac{1}{n+1} < \ln\left(1 + \frac{1}{n}\right)$ (esta foi uma desigualdade que apareceu na solução do item a)). Dela, temos $\frac{1}{n+1} - \ln\left(1 + \frac{1}{n}\right) < 0$. Assim,

$$\begin{aligned} x_{n+1} - x_n &= [h_{n+1} - \ln(n+1)] - [h_n - \ln(n)] = \\ &= [h_{n+1} - h_n] - [\ln(n+1) - \ln(n)] = \frac{1}{n+1} - \ln\frac{n+1}{n} = \\ &= \frac{1}{n+1} - \ln\left(1 + \frac{1}{n}\right) < 0, \end{aligned}$$

e assim, $x_{n+1} < x_n$, ou seja, a sequência $(h_n - ln(n))$ é decrescente. Portanto, $\lim[h_n - ln(n)]$ existe.

Como $\lim[h_n - ln(n)]$ existe e $\lim \ln(n)$ é divergente para $+\infty$, temos que a série $\sum \frac{1}{n}$ é divergente. Pois, caso contrário, teríamos que $(\ln(n))$ seria convergente (um absurdo).

Solução 3.37

Suponha que um $\epsilon > 0$ é dado. Então existe $n_0 \in \mathbb{N}$ tal que

$$\left|\frac{x_n}{y_n} - a\right| < \frac{\epsilon}{2}$$

sempre que $n > n_0$. Isto é equivalente à

$$|x_n - ay_n| < \frac{\epsilon}{2} y_n$$

para todo $n > n_0$.

Defina $M = \max\{|x_1 - ay_1|, \ldots, |x_{n_0} - ay_{n_0}|\}$, $t_n = x_1 + x_2 + \cdots + x_n$ e $s_n = y_1 + y_2 + \cdots + y_n$. Como $\lim(y_1 + y_2 + \cdots + y_n) = +\infty$, temos $\lim s_n = +\infty$. Além disso, $s_n > 0$ para todo $n \in \mathbb{N}$, pois, para todo $n \in \mathbb{N}$, $y_n > 0$. Agora note que, para todo $n > n_0$, temos $\frac{\epsilon}{2}(1 - \frac{y_1+\cdots+y_{n_0}}{s_n}) < \frac{\epsilon}{2}$ e

$$\begin{aligned}
\left|\frac{t_n}{s_n} - a\right| &= \frac{|t_n - as_n|}{s_n} = \frac{|(x_1 + x_2 + \cdots + x_n) - a(y_1 + y_2 + \cdots + y_n)|}{s_n} = \\
&= \frac{|(x_1 - ay_1) + \cdots + (x_{n_0} - ay_{n_0}) + (x_{n_0+1} - ay_{n_0+1}) + \cdots + (x_n - ay_n)|}{s_n} \\
&\leq \frac{|x_1 - ay_1| + \cdots + |x_{n_0} - ay_{n_0}|}{s_n} + \frac{|x_{n_0+1} - ay_{n_0+1}| + \cdots + |x_n - ay_n|}{s_n} < \\
&< \frac{\overbrace{M + \cdots + M}^{n_0 \text{ parcelas}}}{s_n} + \frac{\frac{\epsilon}{2}y_{N+1} + \cdots + \frac{\epsilon}{2}y_n}{s_n} = \frac{n_0 M}{s_n} + \frac{\epsilon}{2} \cdot \frac{y_{n_0+1} + \cdots + y_n}{s_n} = \\
&= \frac{n_0 M}{s_n} + \frac{\epsilon}{2} \cdot \frac{[s_n - (y_1 + \cdots + y_{n_0})]}{s_n} = \frac{n_0 M}{s_n} + \frac{\epsilon}{2}\left(1 - \frac{y_1 + \cdots + y_{n_0}}{s_n}\right) < \\
&< \frac{n_0 M}{s_n} + \frac{\epsilon}{2}.
\end{aligned}$$

Logo, $|\frac{t_n}{s_n} - a| < \frac{n_0 M}{s_n} + \frac{\epsilon}{2}$. Como $\lim \frac{n_0 M}{s_n} = 0$, existe $n_1 \in \mathbb{N}$ tal que $\frac{n_0 M}{s_n} < \frac{\epsilon}{2}$ sempre que $n > n_1$. Consequentemente, para todo $n > \max\{n_0, n_1\}$, temos

$$\left|\frac{t_n}{s_n} - a\right| < \frac{n_0 M}{s_n} + \frac{\epsilon}{2} < \frac{\epsilon}{2} + \frac{\epsilon}{2} = \epsilon.$$

Como o procedimento descrito pode ser realizado para qualquer $\epsilon > 0$, concluímos que $\lim \frac{t_n}{s_n} = a$, isto é, $\lim \frac{x_1+x_2+\cdots+x_n}{y_1+y_2+\cdots+y_n} = a$.

Solução 3.39

Defina $a_n = x_{n+1} - x_n$ e $b_n = y_{n+1} - y_n$. Então $b_n > 0$ para todo $n \in \mathbb{N}$, pois $y_{n+1} > y_n$ para cada $n \in \mathbb{N}$, uma vez que (y_n) é crescente. Além disso, $\lim(b_1 + b_2 + \cdots + b_n) = +\infty$, visto que

$$\begin{aligned}
b_1 + b_2 + \cdots + b_n &= (y_2 - y_1) + (y_3 - y_2) + \cdots + (y_{n+1} - y_n) \\
&= -[(y_1 - y_2) + (y_2 - y_3) + \cdots + (y_n - y_{n+1})] \\
&= y_{n+1} - y_1
\end{aligned}$$

e $\lim(y_{n+1} - y_1) = +\infty$ (já que $\lim y_n = +\infty$). Note também que $a_1 + a_2 + \cdots + a_n = x_{n+1} - x_1$. Por fim, $\lim \frac{a_n}{b_n} = a$, pois $\lim \frac{x_{n+1}-x_n}{y_{n+1}-y_n} = a$. Logo, pelo Exercício 3.37, $\lim \frac{a_1+a_2+\cdots+a_n}{b_1+b_2+\cdots+b_n} = a$, ou seja,

$$\lim \frac{x_{n+1} - x_1}{y_{n+1} - y_1} = a.$$

Seja (z_n) a sequência tal que $\frac{x_{n+1}-x_1}{y_{n+1}-y_1} = a + z_n$. Multiplicando os dois membros desta igualdade por $\frac{y_{n+1}-y_1}{y_{n+1}}$, encontramos

$$\frac{x_{n+1}}{y_{n+1}} = \frac{x_1}{y_{n+1}} + (1 - \frac{y_1}{y_{n+1}})(a + z_n).$$

Sabendo que $\lim y_n = +\infty$, temos $\lim \frac{x_1}{y_{n+1}} = \lim \frac{y_1}{y_{n+1}} = 0$.
Mas $\lim z_n = 0$. Logo,

$$\lim \left[\frac{x_1}{y_{n+1}} + \left(1 - \frac{y_1}{y_{n+1}}\right)(a + z_n) \right] = 0 + (1 - 0)(a + 0) = a,$$

e, assim, $\lim \frac{x_{n+1}}{y_{n+1}} = a$. Portanto, $\lim \frac{x_n}{y_n} = a$.

Solução alternativa: Seja $\epsilon > 0$, previamente fixado. Então existe $n_0 \in \mathbb{N}$ tal que

$$a - \frac{\epsilon}{2} < \frac{x_{n+1} - x_n}{y_{n+1} - y_n} < a + \frac{\epsilon}{2}$$

para todo $n > n_0$. Como (y_n) é crescente, temos $y_{n+1} - y_n > 0$. Assim, a condição acima é equivalente a escrever

$$\left(a - \frac{\epsilon}{2}\right)(y_{n+1} - y_n) + x_n < x_{n+1} < \left(a + \frac{\epsilon}{2}\right)(y_{n+1} - y_n) + x_n$$

para todo $n > n_0$. Devido a isso, se $n > n_0$, então

$$\left(a - \frac{\epsilon}{2}\right)(y_{n_0+2} - y_{n_0+1}) + x_{n_0+1} < x_{n_0+2} < \left(a + \frac{\epsilon}{2}\right)(y_{n_0+2} - y_{n_0+1}) + x_{n_0+1},$$

$$\left(a - \frac{\epsilon}{2}\right)(y_{n_0+3} - y_{n_0+2}) + x_{n_0+2} < x_{n_0+3} < \left(a + \frac{\epsilon}{2}\right)(y_{n_0+3} - y_{n_0+2}) + x_{n_0+2},$$

$\ldots,$

$$\left(a - \frac{\epsilon}{2}\right)(y_{n+1} - y_n) + x_n < x_{n+1} < \left(a + \frac{\epsilon}{2}\right)(y_{n+1} - y_n) + x_n$$

que, somando membro a membro e simplificando, chegamos a

$$\left(a - \frac{\epsilon}{2}\right)(y_{n+1} - y_{n_0+1}) + x_{n_0+1} < x_{n+1} < \left(a + \frac{\epsilon}{2}\right)(y_{n+1} - y_{n_0+1}) + x_{n_0+1}$$

sempre que $n > n_0$. Como $\lim y_n = +\infty$, exite um $n_1 \in \mathbb{N}$ tal que $y_{n+1} > 0$ para todo $n > n_1$. Assim, para esses valores de n, podemos dividir por y_{n+1} todos os membros das desigualdades que acabamos de obter. Logo,

$$\left(a-\frac{\epsilon}{2}\right)\left(1-\frac{y_{n_0+1}}{y_{n+1}}\right)+\frac{x_{n_0+1}}{y_{n+1}}<\frac{x_{n+1}}{y_{n+1}}<\left(a+\frac{\epsilon}{2}\right)\left(1-\frac{y_{n_0+1}}{y_{n+1}}\right)+\frac{x_{n_0+1}}{y_{n+1}} \quad (4.7)$$

para todo $n>\max\{n_0,n_1\}$.
Como $\lim y_{n+1}=+\infty$ (isto porque $\lim y_n=+\infty$), temos

$$\lim\frac{x_{n_0+1}}{y_{n+1}}=\lim\frac{y_{n_0+1}}{y_{n+1}}=0.$$

Logo,

$$\lim\left[\left(a-\frac{\epsilon}{2}\right)\left(1-\frac{y_{n_0+1}}{y_{n+1}}\right)+\frac{x_{n_0+1}}{y_{n+1}}\right]=a-\frac{\epsilon}{2}$$

e

$$\lim\left[\left(a+\frac{\epsilon}{2}\right)\left(1-\frac{y_{n_0+1}}{y_{n+1}}\right)+\frac{x_{n_0+1}}{y_{n+1}}\right]=a+\frac{\epsilon}{2}.$$

Assim, existem $n_2,n_3\in\mathbb{N}$ tais que

$$\left(a-\frac{\epsilon}{2}\right)-\frac{\epsilon}{2}<\left(a-\frac{\epsilon}{2}\right)\left(1-\frac{y_{n_0+1}}{y_{n+1}}\right)+\frac{x_{n_0+1}}{y_{n+1}} \text{ para todo } n>n_2 \quad (4.8)$$

e

$$\left(a+\frac{\epsilon}{2}\right)\left(1-\frac{y_{n_0+1}}{y_{n+1}}\right)+\frac{x_{n_0+1}}{y_{n+1}}<\left(a+\frac{\epsilon}{2}\right)+\frac{\epsilon}{2} \text{ para todo } n>n_3. \quad (4.9)$$

Consequentemente, notando-se que

$$\left(a-\frac{\epsilon}{2}\right)-\frac{\epsilon}{2}=a-\epsilon \text{ e } \left(a+\frac{\epsilon}{2}\right)+\frac{\epsilon}{2}=a+\epsilon,$$

obtemos, a partir de (4.7), (4.8) e (4.9), as seguintes desigualdades

$$a-\epsilon<\frac{x_{n+1}}{y_{n+1}}<a+\epsilon,$$

são válidas para todo $n>\max\{n_0,n_1,n_2,n_3\}$. Como este processo pode ser feito para qualquer $\epsilon>0$ previamente fixado, concluímos que $\lim\frac{x_{n+1}}{y_{n+1}}=a$. Portanto, $\lim\frac{x_n}{y_n}=a$.

Solução 3.41

Seja $\lim a_n = a$. Vamos mostrar inicialmente que

$$\lim \frac{a_1 + a_2 + \cdots + a_n}{n} = a$$

(esta implicação não depende do fato de que os termos de (a_n) são positivos). Ora, como $\lim(a_n - a) = 0$, a sequência $(a_n - a)$ é limitada por um número $M > 0$. Assim,

$$|a_n - a| \leq M$$

para todo $n \in \mathbb{N}$. Além disso, dado qualquer $\epsilon > 0$, existe $n_0 \in \mathbb{N}$ com

$$|a_n - a| < \frac{\epsilon}{2}$$

sempre que $n > n_0$. Dados estes fatos, segue-se

$$\left|\frac{a_1 + a_2 + \cdots + a_n}{n} - a\right| = \left|\frac{a_1 + a_2 + \cdots + a_n - na}{n}\right| =$$
$$= \frac{1}{n}|(a_1 - n) + (a_2 - n) + \cdots + (a_n - n)| \leq$$
$$\leq \frac{1}{n}(|(a_1 - n)| + |(a_2 - n)| + \cdots + |(a_n - n)|) =$$
$$= \frac{1}{n}(|(a_1 - n)| + \cdots + |(a_{n_0} - n)| + |(a_{n_0+1} - n)| + \cdots + |(a_n - n)|) \leq$$
$$\leq \frac{1}{n}[(\underbrace{M + \cdots + M}_{n_0 \text{ parcelas}}) + (\underbrace{\frac{\epsilon}{2} + \cdots + \frac{\epsilon}{2}}_{n-n_0 \text{ parcelas}})] = \frac{1}{n}[n_0 M + (n - n_0)\frac{\epsilon}{2}] =$$
$$= \frac{n_0 M}{n} + \left(1 - \frac{n_0}{n}\right)\frac{\epsilon}{2} \leq \frac{n_0 M}{n} + \frac{\epsilon}{2}.$$

Queremos $\frac{n_0 M}{n} < \frac{\epsilon}{2}$. Isso acontece para todos nos naturais $n > \frac{2n_0 M}{\epsilon}$. Assim, escolhendo um número natural $n_1 \geq \frac{2n_0 M}{\epsilon}$, temos, por certeza,

$$\left|\frac{a_1 + a_2 + \cdots + a_n}{n} - a\right| < \epsilon$$

sempre que $n > \max\{n_0, n_1\}$. Portanto, $\lim \frac{a_1 + a_2 + \cdots + a_n}{n} = a$.

Agora mostraremos que se a_n é sempre positivo e $\lim a_n = a$, então

$$\lim \sqrt[n]{a_1 \cdot a_2 \cdot \ldots \cdot a_n} = a.$$

São dois os casos a considerar: $a = 0$ e $a > 0$.

Se $a = 0$, então, fixado previamente $\epsilon > 0$, existe $n_0 \in \mathbb{N}$ tal que

$$a_n < \frac{\epsilon}{2} \text{ para todo } n > n_0.$$

Assim, se $n > n_0$, então

$$a_{n_0+1} < \frac{\epsilon}{2}, \; a_{n_0+2} < \frac{\epsilon}{2}, \; \ldots, \; a_n < \frac{\epsilon}{2}.$$

Multiplicando membro a membro essas desigualdades, encontramos

$$a_{n_0+1} \cdot a_{n_0+2} \cdot \ldots \cdot a_n < \left(\frac{\epsilon}{2}\right)^{n-n_0}.$$

Multiplicando os dois lados desta desigualdade pelo número positivo $a_1 \cdot a_2 \cdot \ldots \cdot a_{n_0}$ e sabendo que $(\frac{\epsilon}{2})^{n-n_0} = (\frac{\epsilon}{2})^n \cdot (\frac{\epsilon}{2})^{-n_0}$, obtemos

$$a_1 \cdot a_2 \cdot \ldots \cdot a_n < \left(\frac{\epsilon}{2}\right)^n \cdot \left(\frac{\epsilon}{2}\right)^{-n_0} \cdot a_1 \cdot \ldots \cdot a_{n_0}.$$

Pondo $c = \left(\frac{\epsilon}{2}\right)^{-n_0} \cdot a_1 \cdot \ldots \cdot a_{n_0}$, vemos que $c > 0$. Assim, substituindo c em (4.10) e tirando a n-ésima raiz de todos os seus membros, ficamos com

$$\sqrt[n]{a_1 \cdot a_2 \cdot \ldots \cdot a_n} < \frac{\epsilon}{2} \sqrt[n]{c} \text{ para todo } n > n_0. \tag{4.10}$$

Mas $\lim \sqrt[n]{c} = 1$ (Exercício 2.17). Logo, existe $n_1 \in \mathbb{N}$ tal que

$$\sqrt[n]{c} < 2 \text{ para todo } n > n_1. \tag{4.11}$$

Assim, de (4.10) e (4.11), obtemos

$$\sqrt[n]{a_1 \cdot a_2 \cdot \ldots \cdot a_n} < \epsilon \text{ para todo } n > \max\{n_0, n_1\}.$$

Como este processo pode ser feito para cada $\epsilon > 0$ previamente dado, segue-se que $\lim \sqrt[n]{a_1 \cdot a_2 \cdot \ldots \cdot a_n} = 0$.

Agora suponha $a > 0$ e que $\epsilon > 0$ seja dado. Então, pela Propriedade Arquimediana, existe $N \in \mathbb{N}$, $N \geq 2$ tal que $a - \frac{\epsilon}{N} > 0$. Existe também $n_0 \in \mathbb{N}$ tal que

$$a - \frac{\epsilon}{N} < x_n < a + \frac{\epsilon}{N} \text{ para todo } n > n_0.$$

Logo, para $n > n_0$, temos

$$a - \frac{\epsilon}{N} < x_n < a + \frac{\epsilon}{N} \text{ para todo } n > n_0.$$

Logo, se $n > n_0$, então

$$a - \frac{\epsilon}{N} < x_{n_0+1} < a + \frac{\epsilon}{N},$$
$$a - \frac{\epsilon}{N} < x_{n_0+2} < a + \frac{\epsilon}{N}, \ldots$$
$$\ldots a - \frac{\epsilon}{N} < x_n < a + \frac{\epsilon}{N}.$$

Multiplicando membro a membro todos esses pares de desigualdades, encontramos

$$\left(a - \frac{\epsilon}{N}\right)^{n-n_0} < x_{n_0+1} \cdot x_{n_0+2} \cdot \ldots \cdot x_n < \left(a + \frac{\epsilon}{N}\right)^{n-n_0}$$

para todo $n > n_0$. Definindo

$$c_1 = \left(a - \frac{\epsilon}{N}\right)^{-n_0} a_1 \cdots a_{n_0} \text{ e } c_2 = \left(a + \frac{\epsilon}{N}\right)^{-n_0} a_1 \cdots a_{n_0},$$

e multiplicando todos os lados das desigualdades obtidas pelo número positivo $a_1 \cdots a_{n_0}$ e extraindo a n-ésima raiz de todos os lados das novas desigualdades, chegamos à

$$(a - \frac{\epsilon}{N}) \sqrt[n]{c_1} < \sqrt[n]{x_1 \cdot x_2 \cdot \ldots \cdot x_n} < (a + \frac{\epsilon}{N}) \sqrt[n]{c_2}, \tag{4.12}$$

verdadeiras para cada $n > n_0$.
Mas, pelo Exercício 2.17, $\lim \sqrt[n]{c_1} = \lim \sqrt[n]{c_2} = 1$. Assim,

$$\lim(a - \frac{\epsilon}{N}) \sqrt[n]{c_1} = a - \frac{\epsilon}{N} \text{ e } \lim(a + \frac{\epsilon}{N}) \sqrt[n]{c_2} = a + \frac{\epsilon}{N}.$$

Logo, existem $n_1, n_2 \in \mathbb{N}$ tais que

$$(a - \frac{\epsilon}{N}) - \frac{\epsilon(N-1)}{N} < (a - \frac{\epsilon}{N}) \sqrt[n]{c_1} \text{ para todo } n > n_1 \tag{4.13}$$

e

$$(a + \frac{\epsilon}{N}) \sqrt[n]{c_2} < (a + \frac{\epsilon}{N}) + \frac{\epsilon(N-1)}{N} \text{ para todo } n > n_2. \tag{4.14}$$

Sabendo que $(a - \frac{\epsilon}{N}) - \frac{\epsilon(N-1)}{N} = a - \epsilon$ e $(a + \frac{\epsilon}{N}) + \frac{\epsilon(N-1)}{N} = a + \epsilon$, seguem-se, de (4.12), (4.13) e (4.14), as desigualdades

$$a - \epsilon < \sqrt[n]{a_1 \cdot a_2 \cdot \ldots \cdot a_n} < a + \epsilon,$$

verdadeiras para todo $n > \max\{n_0, n_1, n_2\}$. Como esse processo pode ser feito para qualquer $\epsilon > 0$ previamente fixado, concluímos que

$$\lim \sqrt[n]{a_1 \cdot a_2 \cdot \ldots \cdot a_n} = a.$$

Portanto, $\lim \frac{a_1+a_2+\cdots+a_n}{n} = a = \lim \sqrt[n]{a_1 \cdot a_2 \cdot \ldots \cdot a_n}$, de onde segue-se a igualdade entre os limites das médias aritmética e geométrica.

Solução alternativa: Pondo $x_n = a_1 + a_2 + \cdots + a_n$ e $y_n = n$, temos $x_{n+1} - x_n = a_{n+1}$ e $y_{n+1} - y_n = 1$. Assim, $\lim \frac{x_{n+1}-x_n}{y_{n+1}-y_n} = \lim a_{n+1} = a$, uma vez que $\lim a_n = a$. Como (y_n) é crescente e $\lim y_n = +\infty$, temos $\lim \frac{x_n}{y_n} = a$ pelo Exercício 3.39, ou seja,

$$\lim \frac{a_1 + a_2 + \cdots + a_n}{n} = a.$$

Agora, considerando $a_n > 0$ para todo $n \in \mathbb{N}$, e definindo

$$z_n = a_1 \cdot a_2 \cdot \ldots \cdot a_n,$$

temos $|z_{n+1}|/|z_n| = a_{n+1}$. Como $\lim(|z_{n+1}|/|z_n|) = \lim a_{n+1} = a$, obtemos, pelo Teorema 2.5.1, $\lim \sqrt[n]{|z_n|} = a$, isto é, $\lim \sqrt[n]{a_1 \cdot a_2 \cdot \ldots \cdot a_n} = a$.
Portanto, $\lim \frac{a_1+a_2+\cdots+a_n}{n} = \lim \sqrt[n]{a_1 \cdot a_2 \cdot \ldots \cdot a_n}$.

Referências

[1] Claus Ivo Doering. *Introdução à Análise Matemática na Reta.* 3ª ed. Rio de Janeiro: SBM, 2021.

[2] Wieslawa J. Kaczor, Maria T. Nowak. *Problems in Mathematical Analysis I: Real numbers, sequences and series.* United States of America: AMS, 2000.

[3] Steven R. Lay. *Analysis with an Introduction to Proof.* 5ª ed. United States of America: Pearson, 2014.

[4] Elon Lages Lima. *Análise Real.* 12ª ed. Vol. 1. Rio de Janeiro: SBM, 2013.

[5] Elon Lages Lima. *Curso de Análise.* 14ª ed. Vol. 1. Rio de Janeiro: SBM, 2014.

[6] Elon Lages Lima. *Matemática e Ensino.* 3ª ed. Rio de Janeiro: SBM, 2007.

[7] Antônio Caminha Muniz Neto. *Fundamentos de Cálculo.* Rio de Janeiro: SBM, 2015.

[8] Antônio Caminha Muniz Neto. *Tópicos de Matemática Elementar: Introdução à Análise Real.* 2ª ed. Vol. 3. Rio de Janeiro: SBM, 2013.

[9] Francisco César Polcino, Sônia Pitta Coelho. *Uma Introdução à Matemática.* 3ª ed. São Paulo: EDUSP, 2013.

[10] Valentino Amadeus Sichiel. *Desigualdades: uma viagem olímpica.* Rio de Janeiro: IMPA, 2022.

[11] Geraldo Severo de Souza Ávila. *Introdução à Análise Matemática.* 2ª ed. São Paulo: Blucher, 1999.

Impressão e acabamento
Gráfica da Editora Ciência Moderna Ltda.
Tel: (21) 2201-6662